도쿄 커피명가에서
진심으로 알려주는
카페 디저트

도쿄 커피명가에서 진심으로 알려주는 카페 디저트

다구치 후미코, 다구치 마모루 지음 ★ 임지인 옮김

시그마북스
Sigma Books

도쿄 커피명가에서 진심으로 알려주는 카페 디저트

발행일 2025년 9월 8일 초판 1쇄 발행
지은이 다구치 후미코, 다구치 마모루
옮긴이 임지인
발행인 강학경
발행처 시그마북스
마케팅 정제용
에디터 양수진, 최윤정, 최연정
디자인 강경희, 김문배, 정민애

등록번호 제10-965호
주소 서울특별시 영등포구 양평로 22길 21 선유도코오롱디지털타워 A402호
전자우편 sigmabooks@spress.co.kr
홈페이지 http://www.sigmabooks.co.kr
전화 (02) 2062-5288~9
팩시밀리 (02) 323-4197
ISBN 979-11-6862-387-3 (13590)

원서 STAFF
写真　高橋栄一
撮影　西山 航 (世界文化ホールディングス)
デザイン　河内沙耶花 (mogmog Inc.)
イラスト　ばばめぐみ
スタイリング　岡田万喜代
撮影協力　江頭涼香、柴田倫美、出田裕史朗 (カフェ・バッハ製菓部・製パン部)
校正　株式会社円水社
DTP製作　株式会社明昌堂
編集協力　河合寛子
編集　原田敬子

프롤로그

시작은,
1980년 요한 제바스티안 바흐의
발자취를 따라가는 여행에서 비롯되었습니다.

외국인 관광객이 동베를린과 서베를린 장벽을 보다 자유롭게 오갈 수 있게 된 지 2년쯤 지난 1980년의 이른 봄 무렵, 가게 문을 45일간 닫고 동유럽권인 동독, 체코슬로바키아를 시작으로 오스트리아, 이탈리아, 프랑스를 돌았습니다. 그중에서 바르트부르크성 언덕 아래에 펼쳐진 바흐의 고향, 아이제나흐 거리를 비롯하여 튀링겐 지방의 작은 마을 몇 군데를 방문했을 때의 일입니다. 대도시

의 카페 같은 화려함은 없었으나 따뜻한 커피와 정성스레 만든 소탈한 케이크를 만날 수 있었습니다. 그때 먹은 케이크가 바로 슈바르츠밸더 키르슈토르테(p.138)였습니다. 생소한 맛이어서 커피로 삼키듯이 먹은 기억이 아직도 또렷이 남아 있습니다. 또 프라하에서는 보일링한 뜨거운 블랙커피와 쿠키 같은 초콜릿 과자를 세트로 팔아서, 머무는 동안 몇 번이나 주문해 먹으면서 커피와 초콜릿의 마리아주의 세례를 받기도 했습니다.

서쪽과 달리 물질적인 풍요로움은 없었으나 어느 콘디토라이 카페(제과점에 붙어 있는 카페)건 손님 한 명 한 명을 극진하게 대접해주었습니다. 저희는 그 환대에 힘을 얻어 여행하는 내내 따뜻한 마음으로 지낼 수 있었습니다. 카페에서 만났던 인연에는 지금도 여전히 감사하는 마음을 가지고 있습니다. 그 경험 덕에 오늘날까지 이곳 '카페 바흐'에서 캔센 커피(Ein Kännchen Kaffee, 두 잔 분량의 커피를 포트에 담아내는 서비스)와 과자를 앞에 두고 담소를 나누는 광경이 지역 주민분들의 일상 풍경이 되었습니다.

이 책의 첫 번째 목적은 소규모 카페와 가정에서도 제대로 된 과자를 만들 수 있도록 레시피를 전달하는 것입니다. 적은 분량으로도 만들 수 있는 레시피는 소량 배합으로 바꾸고, 파이 반죽 등 일정한 분량으로 작업해야 하는 반죽은 완성된 양이 다소 많더라도 냉장실 또는 냉동실에 보관해 활용할 수 있도록 고안했습니다. 또한 기본 반죽과 크림 만드는 법뿐만 아니라 과자마다 배합을 조금씩 바꾸어 보다 맛있게 완성할 수 있도록 고안했습니다.

저희는 제과부를 새로 시작하면서 다음 두 가지 규칙을 정해 상품이 낭비되지 않도록 주의하며 제작하고 있습니다.

1 가게 주문, 혹은 예약 등으로 팔 수 있는 양만 정성껏 만든다

2 신상품은 반드시 직원 전원이 시식하고 수긍한 제품만 판매한다

이 규칙 덕분에 현재까지 과자를 버린 적이 없다는 사실 또한 저희의 자랑거리입니다.

두 번째 목적은 커피와 구움과자의 페어링을 널리 알리는 것입니다. 카페 바흐에서는 일본 문화에 없던 '커피와 구움과자를 함께 즐기는 일'이 손님들에게 정착해 전통이 되었습니다. 이 문화는 언제나 손님을 생각하며 "더 필요한 건 없으세요? 지금은 제가 담당자이니 무엇이든 편히 말씀해주세요!"와 같은 마음으로 서비스하고, 대화를 통해 탄생시키고 성장시킨 것입니다.

끝으로 이 책을 펼친 분들이 저마다의 가게와 가정에서 과자를 구워 커피와의 마리아주를 즐겨주시기를 진심으로 바랍니다. 또한 부디 저희 가게를 찾아주시기를 바라며, 단골손님들께 이 자리를 빌려 감사하다는 말씀을 전합니다.

다구치 마모루　다구치 후미코

CONTENTS

제 4 장
중강배전과 잘 어울리는 과자

제 5 장
강배전과 잘 어울리는 과자

제 6 장
베리에이션 커피와 잘 어울리는 과자

카페 바흐가
알려주는 커피의 기본

향긋한 향과 기품 있는 맛에 매료되어 우리 일상에 빼놓을 수 없는 존재로 정착한 커피는 최근 20여 년간 더욱더 발전된 단계로 나아가고 있습니다. 단순히 일률적인 커피가 아니라 취향과 기분에 따라 커피의 개성(풍미, 로스팅 단계, 산지……)을 고려하며 골라 마시게 되었습니다.

이것이 '스페셜티 커피'의 기본적인 생각입니다. 즉 커피 한 잔에 산지와 농원의 특징적인 맛이 고스란히 드러나면서 마시는 이가 맛있다고 평가하는, 좋은 품질의 커피를 말합니다. 산지부터 농원의 재배 이력, 생두의 정제, 운송, 로스팅, 커피를 내리는 방식까지 많은 이들의 손을 거쳐 마시는 사람에게 닿기까지 철저히 관리하는 것을 중요시하는 이러한 생각을 단적으로 'From seed to cup(열매에서 컵까지)'이라 표현합니다.

카페 바흐에서는 스페셜티 커피라는 말이 생겨나기 훨씬 전인 40년 전부터 이런 생각을 실천하고 있습니다. 특히 스페셜티 커피가 출현하면서 산미에 대한 인식이 크게 바뀌었습니다. 이전에는 좋은 품질에 깔끔한 산미일지라도 부패해 생겨난 것이라 오해하여 선호하지 않았으나 지금은 산미가 커피의 여러 개성 중 하나로 인식되고 있습니다.

그럼 이제 맛있는 커피를 내리기 위해 중요한 점을 소개하겠습니다.

1 커피 한 잔이 완성되기까지

우리가 매일 마시는 커피는 다양한 공정을 거쳐 완성됩니다. 원료 산지와 품종, 등급을 나누는 정제법, 로스팅, 추출 방법, 그 모든 게 어우러져 커피 한 잔이 완성됩니다. 가능성은 무궁무진. 그래서 커피는 흥미로워요!

생두(왼쪽)를 로스팅하면 원두다운 색으로 변하고, 그윽한 풍미와 쓴맛 등도 생겨난다(오른쪽).

2 원두를 살 때

우선 갓 볶은 신선한 원두를 구매합시다. 그래야 향도 짙고 풍미도 풍부한 커피를 마실 수 있습니다. 또한 수작업으로 결점두를 제거하고(핸드픽), 크기가 고른 원두를 선택해야 합니다. 결점두가 섞여 있으면 나쁜 향과 떫은맛이 나와 커피 맛에 큰 영향을 끼치기 때문에, 카페 바흐에서는 로스팅 전(생두)에 한 번, 로스팅 후에 한 번, 총 두 번의 핸드픽 작업을 통해 결점두를 골라냅니다. 물론 속까지 확실히 열을 가해 고르게 로스팅하는 것이 기본입니다.

여러 결점두. 왼쪽부터 벌레 먹은 콩, 미성숙 콩, 사두(열매를 제대로 맺지 못한 콩), 주름진 콩, 조개 모양 콩.

3 커피는 '신선 식품'

갓 볶은 신선한 원두를 샀다면 곧바로 원두를 보관하는 밀폐용기인 캐니스터에 옮겨 담아 공기와 습기를 최대한 차단해 서늘하고 어두운 곳에 보관합시다. 로스팅한 후, 시간이 흐를수록 향도 풍미도 점점 떨어지니 10~14일 안에 다 마실 수 있는 양을 자주 사는 것도 포인트. 페이퍼드립으로 내려 마신다면 되도록 홀빈 상태로 보관하다가 매번 그때그때 갈아서 내려 마시는 것이 이상적입니다(내리는 법은 p.148).

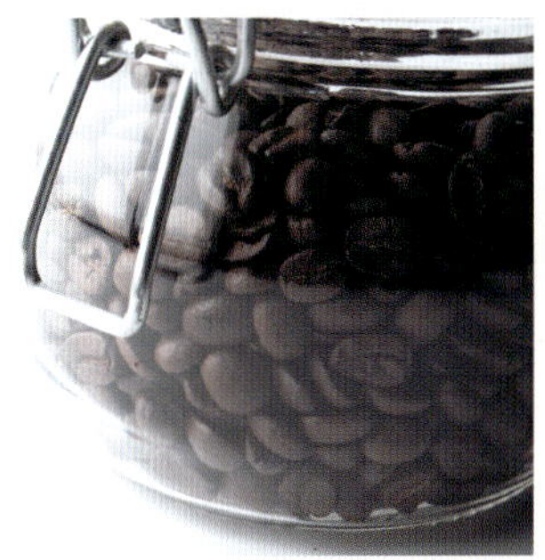

밀폐할 수 있는 유리 캐니스터에 넣어 보관하면 원두의 풍미를 최대한 오래 유지할 수 있는 데다 상태도 바로 체크할 수 있어서 편리하다.

커피 산지

① 남미

콜롬비아, 베네수엘라 이남.
그 밖에 브라질, 에콰도르, 페루, 볼리비아 등

전체적으로 고지대가 많다. 특히 2대 생산국인 브라질과 콜롬비아는 정제법이 서로 다르다. 국토가 넓은 브라질은 생산량이 많아 건식인 내추럴 정제법을 쓰기에 독특한 향과 농후한 맛이 난다. 한편 콜롬비아 등 안데스를 중심으로 한 산악지대는 물로 씻는 방식인 워시드 정제법을 쓰기에 산미와 향이 풍부하며 맛이 깔끔하다. 브라질을 제외한 나라에서는 중강배전과 강배전에 적절한 원두가 많다.

② 중미

남쪽은 파나마까지. 그 밖에 과테말라, 코스타리카, 니카라과, 엘살바도르, 온두라스 등

양쪽으로 바다에 둘러싸여 있는 토지 특성상 습하고 강수량이 많아 커피를 재배하기에 좋은 조건을 갖추고 있다. 대표적인 3국은 과테말라, 코스타리카, 파나마로 좁고 작은 나라이지만 개성 있는 귀한 커피가 많다.

③ 카리브해

쿠바, 아이티, 도미니카, 자메이카

바다에 떠 있는 섬나라 특유의 상쾌하고 온난한 기후 같은, 열대~아열대의 해양성 기후에서 자란 커피는 모양이 좋고 맛도 부드럽고 섬세하며 향도 고급스러워서 마시기 좋은 것이 많다. 희귀한 커피와 블루마운틴 같은 고급 커피의 산지이기도 하다. 또한 쿠바는 일찍이 커피 플랜테이션이 도입된 곳이다. 꽃향기가 나는 것이 많고 약배전 혹은 중배전에 적합하다.

커피는 열대성 식물입니다. 특히 스트레이트로 마시는 아라비카종을 재배하기 위해서는 서늘한 고지대, 유기물이 풍부한 화산암 토질, 배수가 잘되는 비옥한 약산성 토양, 이 세 가지 조건이 갖춰져야 하기에, 원산지인 에티오피아 아비시니아고원을 비롯해 브라질 고원지대, 중미 고지대, 서인도제도, 인도네시아 등 대체로 적도를 중심으로 한 남북회귀선(북위 약 25°, 남위 약 25°) 사이에 분포된 이른바 커피 벨트 지대에서 주로 재배됩니다. 카페 바흐에서는 이 커피 벨트를 독자적으로 구분해 여섯 지대로 분류하고 있습니다.

④ 아프리카

에티오피아, 케냐, 탄자니아, 말라위, 카메룬 등

아라비카종 커피의 발상지인 에티오피아와 케냐, 탄자니아 3국이 주요 산지다. 정제법은 에티오피아는 건식(내추럴), 케냐와 탄자니아는 습식(워시드)이 기본이지만 에티오피아의 고급품 중에는 습식 정제 방식을 거쳐 로스팅하는 커피도 있다. 전체적으로 과일향이 나며 맛과 농도가 강하고 바디감이 있는 것이 많으며, 중강배전~강배전에 적합한 품종이 많다.

⑤ 아시아

동쪽은 중국, 서쪽은 예멘까지.
그 밖에 인도네시아(일부 제외), 인도 등

다양한 커피를 생산하는 구역. 인도네시아 북수마트라산의 만델링과 인도 등 특징적인 맛이 있는 커피가 많고 품종도 아라비카종을 포함하여 주로 가공용으로 쓰이는 로브스타종도 많이 재배한다. 커피 유명 브랜드로 알려진 '모카'는 예멘의 모카항에서 운반된 커피의 총칭이다. 열대과일과 허브, 향신료 향이 나는 것이 많다.

⑥ 오세아니아

하와이, 뉴기니섬 등

하와이는 비교적 고지대가 없어 재배에 최적인 지역은 아니지만, 정성을 다한 재배와 엄격한 관리가 이루어지고 있어 소량이지만 좋은 품질로 인정받고 있다. 특히 하와이 코나지구산은 오일감과 맛의 농도가 짙어 최고급품으로 취급받는다. 뉴기니섬의 동부, 파푸아뉴기니는 소규모이나 생산량이 많고 기업이 깐깐하게 품질관리를 해서 최근 30년간 퀄리티가 향상되었다. 태평양 한가운데에서 재배된 커피답게 개성적인 맛이다.

커피와 과자의 궁합

페어링을 고려할 때 가장 알기 쉬운 포인트가 커피의 로스팅 단계입니다. 커피는 생두를 로스팅하는 단계에 따라 서서히 커피다운 쓴맛과 고소함, 오일감 등이 진해집니다. 또한 산미와 쓴맛의 균형이 바뀌고 그게 커피의 풍미와 맛의 강약을 특징지어줍니다. 이를 참고하면 매칭하는 기본 방법은 아래와 같습니다.

① **색의 톤을 맞춘다**

② **공통된 맛과 향, 강도를 맞춘다**

③ **과자에 없는 요소를 지닌 커피와 맞춘다**

전체적인 방향성을 결정할 때 도움이 되는 것이 바로 ①의 매칭 방법입니다. 구움색이 연한 과자에는 약하게 로스팅한 커피, 구움색이 진한 과자에는 강하게 로스팅한 커피를 매칭합니다. 구움색이 연한 마들렌에는 약배전 커피를, 초콜릿의 중후한 색을 띤 바흐 쇼콜라에는 강배전을 매칭하는 식입니다.

②의 경우, 과자의 윤곽이 마치 스테인드글라스의 테두리 선처럼 선명해집니다. 이를테면 딸기 타르트가 그렇습니다. 이 타르트 맛의 포인트가 되는 딸기의 신선하고 섬세한 새콤달콤함을 살리기 위해서는 마찬가지로 옅은 산미를 지닌 약배전 커피가 가장 잘 어울립니다.

③은 약간 난이도가 올라갑니다. 아몬드 풍미가 풍부한 피낭시에에는 중강배전 커피 중에서도 감칠맛이 있는 쓴맛을 추가해 맛을 한층 더 확장시킵니다.

오른쪽에 로스팅 단계별로 어울리는 과자를 소개합니다.

약배전

약배전 커피는 산미도 쓴맛도 그다지 강렬하지 않고, 오히려 차에 가까운 맛이 특징입니다. 양을 충분히 내려 맛과 식감이 섬세한 과자를 곁들이는 게 좋습니다. 과자에 넣은 과일의 고급스러운 산미와 버터의 다정한 향을 해치지 않아 맛있게 먹을 수 있답니다.

과자 포인트

▶ 전체적으로 구움색이 연하다

▶ 신선한 과일의 산미와 단맛이 있다

▶ 고소함이 없는 견과류(가볍게 볶거나 삶아서 껍질을 벗긴 것 등)

▶ 과하게 열을 가하지 않은 섬세한 버터향이 난다

예) 마들렌(p.46)

커피와 과자는 따로 먹을 때보다 함께 먹을 때 더욱더 맛있어집니다. 특히 요즘은 커피의 개성을 즐기는 만큼, 커피와 과자의 조합에 좀 더 신경을 쓰면 훨씬 더 맛있게 즐길 수 있습니다. 이는 마치 요리와 와인의 마리아주와도 같습니다. 여기에서는 커피와 과자의 매칭 방법을 제안하고자 합니다.

중배전	중강배전	강배전

양질의 산미를 풍부하게 느낄 수 있는 게 바로 중배전 커피입니다. 쓴맛은 그다지 강하지 않지만 비교적 바디감이 확실하고, 많은 양을 마실 수 있기에 섬세한 맛을 지니면서도 버터와 견과류 등 감칠맛이 있는 과자와 잘 어울립니다. 특별한 토핑 없이 심플하게 반죽만 구운 과자와 매칭하는 것을 추천합니다.

산미도 쓴맛도 풍부해서 가장 맛의 요소가 다양하고, 어떠한 과자와도 매칭하기 수월한 게 바로 중강배전 로스팅입니다. 잘 어우러지는 과자 아이템이 많은 것도 이 단계입니다. 그중에서도 커피 방향성과 동일하고 버터와 생크림의 감칠맛과 과일의 산미, 견과류의 달콤함 등 풍부한 맛이 나는 과자가 많은 것이 특징입니다.

커피는 로스팅 단계가 강해질수록 쓴맛이 깊어집니다. 가장 강한 로스팅 단계인 강배전은 마찬가지로 카카오를 오래 볶아서 만드는 초콜릿과의 궁합이 좋습니다. 또한 향신료향이 증가하기에 향신료를 넣은 과자와도 잘 어우러집니다. 농후한 과자를 깔끔하게 즐길 수 있게 해주는 것도 바로 이 커피입니다.

과자 포인트

- ▶ 구움색이 연하면서도 전체적으로 고소하게 구워진 색감이다
- ▶ 적당히 열이 가해져 과일의 산미와 달콤함이 돋보인다
- ▶ 꿀이나 바닐라 같은 달콤한 풍미
- ▶ 캐러멜이나 메이플시럽 같은 달콤한 캐러멜향
- ▶ 가볍게 열이 가해진 버터향

과자 포인트

- ▶ 전체적으로 보기 좋게 구워진 고소한 갈색 톤
- ▶ 단맛, 버터, 달걀의 기본 재료 균형이 잘 잡힌 고전 과자
- ▶ 고소한 견과류, 베리류 과일, 말린 과일, 초콜릿 등을 조합해서 만드는 복잡한 맛
- ▶ 향신료와 바닐라, 꿀 등의 향

과자 포인트

- ▶ 충분히 구워 전체적으로 짙은 갈색이 도는 구움색
- ▶ 초콜릿이 메인 재료
- ▶ 풍부한 향신료향과 양주의 향
- ▶ 강한 캐러멜향, 고소한 견과류향

예) 애플파이(p.62)

예) 밀푀유(p.100)

예) 바흐 쇼콜라 브라우니(p.130)

커피의 로스팅 단계와 과자의 궁합

	약배전			중배전
로스팅 단계	라이트 로스팅	시나몬 로스팅	미디엄 로스팅	하이 로스팅
특징	로스팅 단계가 가장 약하고 팝콘처럼 소리를 내며 터지기 시작하는 1차 팝핑 직전의 상태. 생두 본연의 떫은 맛과 불쾌한 아린 맛이 강하다. 아직 커피다운 향과 쓴맛 등은 없고, 마시기엔 부적절하다. 로스팅과 원두 특징을 테스트하기 위해 사용된다.	라이트 로스팅에서 좀 더 로스팅한 1차 팝핑 중간 정도의 단계로, 아직 생두의 떫은 맛과 아린 맛이 강하고 쓴맛과 강한 신맛은 아직 드러나지 않는다. 커피로 맛있게 마시기에는 부적절하다. 주로 로스팅과 원두 특징을 테스트하기 위해 사용된다.	1차 팝핑이 끝날 무렵의 로스팅 단계. 커피다운 맛, 특히 향이 나기 시작한다. 기분 좋은 산미와 고운 감칠맛이 있으며 맛은 부드럽고 가볍다. 원두 자체도, 내린 커피의 색도 밝다. 이런 고급스러운 맛은 커피 입문자에게 추천한다.	1차 팝핑이 끝나고 원두 주름이 펴져 향이 변하기 직전의 단계로, 미디엄 로스팅보다 전체적으로 맛이 강하다. 신선한 과일 같은 깔끔한 산미와 버터와 캐러멜, 메이플시럽, 바닐라 같은 향이 난다.
맛의 변화	산미		쓴맛	
바흐식 명칭			아이티 뱁티스트/브라질 W/베트남 아라비카/블루마운틴 No.1/소프트 블렌드	예멘 모카 마타리/니카라과 SHG/파나마 돈파치 티피카/코스타리카 PN「그레이스 허니」
매칭하는 과자의 포인트			신선한 과일의 산미와 단맛/고소한 맛이 없는 견과류(삶거나 살짝 볶아 껍질을 벗긴 것 등)/그다지 열을 가하지 않은 섬세한 버터향/전체적으로 연한 구움색	살짝 열이 가해져 과일의 산미와 달콤함이 돋보임/꿀이나 바닐라 같은 달콤한 풍미/캐러멜이나 메이플시럽 같은 달콤한 캐러멜향/가볍게 열이 가해진 버터향/구움색이 연하면서도 전체적으로 고소하게 구워진 색감
과자 예			마들렌, 딸기 타르트, 타르트 오 시트롱, 불 드 네주, 크루아상	애플파이, 타르트 타탱, 팔미에, 브리오슈, 마블 초콜릿 케이크

커피의 맛을 크게 좌우하는 것이 바로 로스팅 단계입니다. 약배전에서 강배전으로 로스팅 정도가 강해질수록 깔끔한 산미에서 복잡한 맛으로, 복잡한 맛에서 쓴맛으로 바뀝니다. 눈으로 보기에도 밝은 갈색에서 점점 진한 갈색으로 변하는 걸 알 수 있습니다. 로스팅 단계와 과자의 궁합을 알기 쉽게 표로 정리했습니다.

중배전	중강배전	강배전	
시티 로스팅	풀시티 로스팅	프렌치 로스팅	이탈리안 로스팅
2차 팝핑이 시작한 상태. 감귤류 같은 상쾌한 산미와 함께 쓴맛도 강해지고 향신료향도 나서 커피 맛이 풍부해진다. 원두의 색도 진해진다. 최근 20년간 급증하고 있는 로스팅 단계이다.	2차 팝핑이 한창 진행 중인 시점의 전후 단계. 산미와 쓴맛의 비율이 거의 같아져서 가장 균형 잡힌 풍부한 커피 맛이 난다. 원두 색도 훨씬 진해지고 시간이 지날수록 표면에 기름이 배어 나오는 것도 특징이다. 카페 바흐의 간판 메뉴인 '바흐 블렌드'도 이 단계이다.	산미가 남아 있으면서도 쓴맛이 강하게 나서 진하고 중후한 맛이 된다. 원두 색도 검지만 어느 정도 갈색이 남아 있다. 초콜릿 같은 향도 증가한다. 베리에이션 커피에도 사용할 수 있다.	가장 강한 로스팅 단계. 원두에 갈색이 사라지고 거의 까맣게 변하고 표면에 기름이 배어 나와 윤기가 돈다. 충분히 볶아서 고소한 맛과 쓴맛은 강하지만 산미는 거의 느껴지지 않고 목넘김이 좋고 뒷맛이 깔끔하다. 베리에이션 커피에도 사용할 수 있다.
쓴맛 산미			
파나마 돈파치 게이샤 W/파나마 돈파치 게이샤 내추럴/마일드 블렌드	탄자니아 AA「아산테」/파푸아뉴기니 AA/과테말라·SHB 우에우에테낭고「콤포스텔라」/콜롬비아 수프레모 타미낭고/수마트라 만델링 블루 바탁/바흐 블렌드	페루/말라위 비피아/에티오피아 시다모 W	케냐 AA/인디아 AP·AA/이탈리안 블렌드
	단맛, 버터, 달걀의 기본 재료 균형이 잘 잡힌 고전 과자/고소한 견과류, 베리류 과일, 말린 과일, 초콜릿 등을 조합해서 만드는 복잡한 맛/향신료와 바닐라, 꿀 등의 향/전체적으로 보기 좋게 구워진 고소한 갈색 톤	초콜릿이 메인 재료/풍부한 향신료향과 양주의 향/강한 캐러멜향과 고소한 견과류향/충분히 구워 전체적으로 짙은 갈색이 도는 구움색	
	딸기 쇼트 케이크, 치즈 케이크, 프루트 케이크, 밀푀유, 피낭시에, 다쿠아즈, 바바루아	바흐 쇼콜라, 몽블랑, 브라우니, 바바, 플로랑탱 사블레	

이 책을 보는 법

이 책을 100% 활용할 수 있도록 책을 보는 방법을 소개합니다.

본문에 대해

- 과자 설명과 카페 바흐의 생각, 만들 때의 요령 등을 정리해두었습니다. 이 글을 읽으면 전체적인 특성을 파악할 수 있습니다.

재료표에 대해

- 버터는 무가염 제품을 사용합니다.
- 재료에 관한 보충 설명은 붉게 표시했습니다.
- 사용하는 상황에 따라 재료 상태가 다를 때도 있습니다.

커피와의 궁합에 대해

- 소개하는 과자와 커피의 궁합을 로스팅 단계별로 한눈에 알 수 있도록 ◎ (추천), △(원두에 따라 추천), ×(비추천) 총 세 가지로 표시했습니다. 또한 그 이유 및 구체적인 마리아주 설명과 함께 카페 바흐의 커피 중에서 가장 잘 어울리는 것을 BEST, 두 번째로 추천하는 것을 BETTER, 그 밖에 추천할 만한 것을 OTHER로 소개합니다.

만드는 법에 대해

- 만드는 순서에 맞춰 과정 사진을 소개하면서 설명합니다. 때로는 동시에 만들기 시작하거나 앞뒤 순서가 바뀔 때도 있습니다.
- 조리도구와 부엌, 가스, 오븐은 기종에 따라 차이가 있습니다. 가열 온도와 시간, 열을 가하는 정도는 어디까지나 기준입니다. 특히 오븐은 업소용을 사용하고 있기에 가정용 오븐으로 굽는다면 상태를 지켜보면서 조절해주세요.
- 🔥는 스토브의 불 세기입니다.
- 사각 말풍선에는 좀 더 맛있게 만들기 위해 알아두면 좋은 요령을 담았습니다.

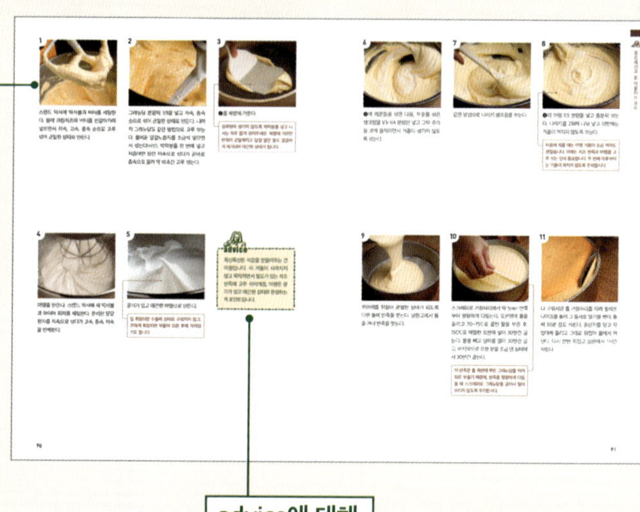

advice에 대해

- 과자 만드는 요령, 포인트 등에 대해 저자가 독자에게 전하고 싶은 말입니다.

제 1 장

과자를
만드는
기본 테크닉

BASIC TECHNIQUES

FOR PASTRY MAKING

과자를 만들기 전에
꼭 알아두어야 할 핵심

맛있는 과자를 만들기 위해서는 알아두어야 할 포인트가 몇 가지 있습니다.
사소한 것 같아도 맛에 큰 영향을 끼치기도 한답니다. 아래 포인트를 의식하면서 만들어보세요.

① 정확하게 계량한다

이 책에서는 레시피 분량을 g 단위로 표시했습니다. 과자를 만들 때는 재료의 물리적인 특성이 완성도에 영향을 끼치기에 정확하게 계량하지 않으면 덜 부풀거나 하나로 뭉쳐지지 않기도 하고, 퍼석퍼석한 식감으로 완성될 때도 있습니다. 달걀과 꿀, 생크림 같은 액체도 마찬가지입니다. 계량할 때는 1g 단위로 잴 수 있는 전자저울을 추천합니다. 또한 그래뉴당과 꿀을 함께 사용할 때는 그래뉴당을 먼저 계량하고 다시 저울을 0g으로 설정한 다음 그 위에 꿀을 얹으면 한 번에 계량할 수 있을뿐더러 볼에 꿀이 묻어 애써 계량한 분량이 줄어드는 일도 없기에 정확하게 사용할 수 있습니다(사진).

② 가루류는 반드시 체 친다

박력분과 베이킹파우더 등 가루류는 반드시 두 번 체 칩니다(A). 이렇게 하면 입자가 균일해지고 공기를 가득 머금기에 다른 재료와도 고루 섞입니다. 물론 이물질도 쉽게 제거할 수 있습니다. 또한 여러 종류의 가루를 함께 사용할 때는 가루류를 먼저 섞은 후에 체 치면 재료가 훨씬 더 일정해집니다(B). 이 책에서는 슈거파우더와 아몬드 가루 같은 견과류 가루를 1:1 비율로 섞은 'T.P.T'를 종종 사용하는데, 견과류 가루는 입자가 곱지 않기에 두 번 체 친 후에 슈거파우더와 고루 섞습니다(C).

③ 버터를 준비하는 방법은 두 가지가 있다

과자를 만들 때는 거의 모든 반죽에 버터를 사용합니다. 버터는 온도에 따라 쉽게 부드러워지거나 단단해지는 특성이 있는데, 버터 상태에 따라 과자의 완성도가 달라지므로 적절한 상태로 준비하는 것이 무엇보다 중요합니다. 이 책에서는 크게 두 가지 방법으로 버터를 준비합니다.

첫 번째는 실온에 두어 부드럽게 만드는 방법입니다. 주로 말랑한 버터를 크림 상태로 균일하게 풀어서 사용할 때(파트 아 케이크 ➡ p.24 등) 활용하는 방법으로, 버터를 1cm 두께 정도로 얇게 썰어 간격을 두고 세워두면(A), 버터 겉과 속이 거의 동시에 균일하게 부드러워집니다. 버터 표면을 손가락으로 꾹 눌렀을 때 버터가 쑥 들어가는 정도를 기준으로 삼으면 됩니다(B).[1]

두 번째는 차가운 상태에서 바로 사용하는 방법입니다. 버터 형태가 남아 있는 상태에서 밀가루를 입히는 방식으로 보슬보슬하게 섞거나 버터 덩어리를 반죽으로 감싸 흡수시킬 때도 있으며(파트 브리제 ➡ p.32, 파트 퓌이테 ➡ p.36 등), 이 냉장 버터의 특징을 좀 더 살려 반죽에 그대로 넣는 방법도 있습니다. 이때 버터는 사용하기 직전까지 냉장고에 넣어두어 차가운 상태를 유지합니다. 밀가루를 입히는 방식으로 보슬보슬하게 섞을 때는 버터를 1~2cm 크기로 깍둑썰기하며(C), 반죽으로 감싸거나 반죽 안에 그대로 넣을 때는 밀대로 두드려가며 폅니다(D). 또한 버터를 녹여서 사용할 때(파트 아 슈 ➡ p.34 등)는 1cm 크기로 깍둑썰어 크기를 일정하게 만듭니다. 이렇게 크기를 맞춰 냄비에 넣으면 금세 녹아서 작업이 수월해지기도 하지만 거의 동시에 녹기에 불필요한 가열 시간을 줄일 수 있고 버터의 향 또한 유지할 수 있습니다.

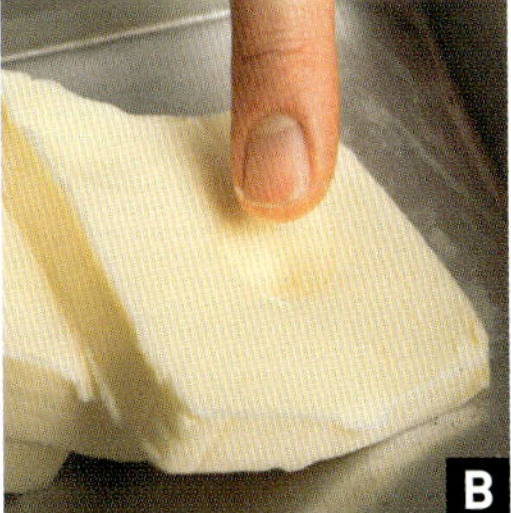

④ 반죽을 만드는 포인트는 '균일'

거의 모든 과자는 버터와 설탕, 밀가루 등으로 반죽을 만듭니다. 재료가 균일하게 섞여 있는지 아닌지에 따라 완성도는 크게 바뀝니다. 모든 재료가 동일한 상태로 섞여 있으면 부풀어 오르는 정도와 맛, 식감이 통일된 좋은 상태로 구워집니다. 반죽할 때 꼭 지켜야 하는 부분이 바로 볼 측면에 붙은 반죽이나 재료를 반죽에 합치는 작업입니다(사진). 덩어리진 반죽과 측면에 붙은 반죽 상태가 서로 달라지기 전에 '자주' 측면을 깨끗이 긁어 정리하는 것이 중요합니다. 특히 스탠드 믹서를 사용할 때는 놓치기 쉬우므로 주의합시다.

---

1 이 상태의 버터는 약 20℃이다. - 옮긴이

⑤ 틀을 준비한다

반죽을 틀에 부을 때는 반죽 상태에 따라 준비하는 방식이 두 가지로 나뉩니다.

첫 번째는 유산지를 까는 방법입니다. 제누아즈틀(원형틀)이라면 유산지는 2장 준비합니다. 바닥 사이즈에 딱 맞게 자른 원형 1장과 측면에 두를 직사각형 1장을 준비한 뒤 직사각형의 긴 쪽을 안으로 1cm 접고, 가위를 활용해 1cm 간격마다 세로로 칼집을 넣습니다. 이를 틀 측면에 빙글 두르고 그 위에 원형 유산지를 빈틈이 생기지 않게 깝니다. 파운드케이크 틀을 사용할 때도 마찬가지로 모서리까지 손가락으로 잘 눌러 꼼꼼하게 깝니다.

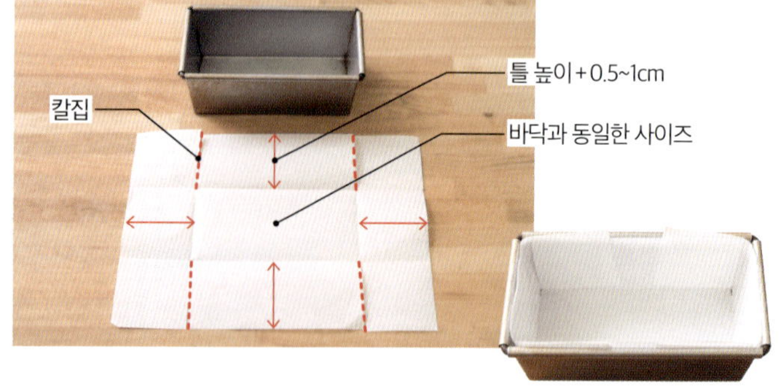

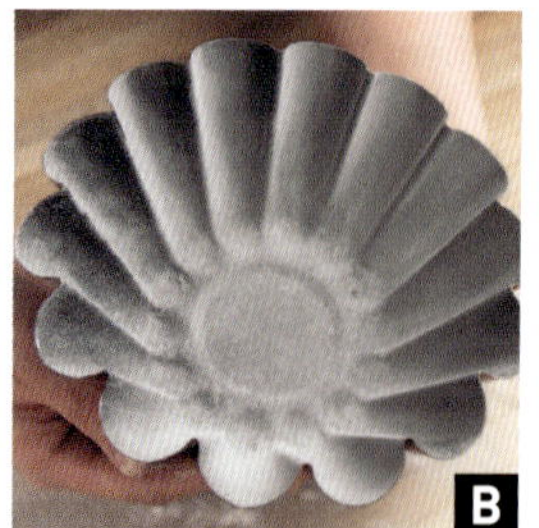

유산지를 깔지 않고 틀에 반죽을 바로 붓는 방법도 있습니다. 다 구웠을 때 쉽게 분리되도록 붓으로 버터를 얇게 바르고(사진 A) 냉장실에서 차게 식힌 후, 반죽을 붓기 직전에 덧가루[1]를 뿌려 여분의 밀가루를 털어내면서 구석구석 얇게 코팅합니다(B). 구움색을 연하게 내고 싶을 때는 녹인 버터의 윗부분에 해당하는 정제버터를 사용하면 됩니다.

⑥ 깍지를 준비한다

이 책에서 사용하는 깍지는 원형 깍지, 별 깍지, 몽블랑 깍지(중, 8홀) 세 종류입니다. 짤주머니 안에 집어넣어 흔들리지 않게 고정합니다.

깍지는 저마다 용도에 맞게 구분해서 사용하는데, 사용하는 빈도가 높은 건 아무래도 원형 깍지입니다. 특히 걸쭉한 반죽을 짤 때 자주 사용합니다. 별 깍지는 장식할 때 주로 사용하며 몽블랑 깍지는 명칭대로 몽블랑을 만들 때 사용하기에 활용도가 조금 한정적입니다.

---

1 보통 강력분을 사용한다. - 옮긴이

⑦ 반죽은 틀 구석까지 잘 펼친다

완성한 반죽을 틀이나 오븐팬에 부을 때 주의해야 할 포인트가 두 가지 있습니다.

우선 완성된 반죽은 틀이나 오븐팬 가운데에 부어야 합니다. 오븐팬을 사용할 때는 가운데에서 네 모퉁이를 향해 스크래퍼로 펼치면 두께를 균일하게 만들 수 있습니다. 약간 단단한 반죽을 펼 때는 크기가 작은 스크래퍼로 네 모퉁이를 향해 반죽을 밀어내듯이 펴면 평평하고 보기 좋게 구워집니다.

⑧ 중탕은 적정 온도로

'중탕'이라고 하면 팔팔 끓는 물을 사용한다고 생각할 수도 있겠으나 이 책에서 사용하는 중탕용 물 온도는 60℃입니다. 판 젤라틴, 초콜릿, 버터 등 섬세한 재료를 녹이는 데 충분한 온도이기 때문입니다. 또한 볼이 냄비에 직접 닿지 않도록 냄비 위에 행주를 깔고 그 위에 볼을 올립니다.

초콜릿을 녹일 때는 초콜릿을 담은 볼보다 한 사이즈 작은 중탕냄비를 사용하여 수증기가 초콜릿에 닿아 광택을 잃거나 매끄러운 식감이 손상되지 않도록 합니다.

녹인 버터를 만들 때도 중탕합니다. 1cm 크기로 깍둑썰기한 버터를 볼에 담아 마찬가지로 60℃로 데운 물에 담급니다. 휘젓지 말고 그대로 버터가 다 녹을 때까지 기다리다가 버터가 다 녹으면 중탕을 멈춥니다. 버터를 같은 크기로 자르는 것이 포인트로, 이렇게 하면 버터가 거의 동시에 녹기에 불필요한 가열로 풍미가 날아가는 걸 막을 수 있습니다.

파트 아 케이크(파운드 반죽)

PÂTE À CAKE

과자의 기본 재료인 버터, 설탕, 달걀, 밀가루를 거의 같은 비율로 사용하는 가장 기본이 되는 반죽입니다. 이 4가지 재료를 1파운드씩 사용했다고 해서 '파운드케이크'라고도 하고, 프랑스어로는 '1/4씩'이라는 의미에서 '카트르카르'라고도 합니다. 최근에는 동량씩 넣는 배합에 크게 구애받지 않고 다양한 배합으로 만들고 있습니다. 버터와 달걀을 많이 넣기 때문에 아무래도 쉽게 분리되곤 하지만, 그럴 때도 실패했다고 좌절하지 말고 균일하게 섞는 것에 집중해 다시 만들어봅시다.

재료(8cm×18cm×6.5cm 파운드틀 2개 분량)

버터(무염)	200g
슈거파우더	180g
전란	200g
박력분	100g
프랑스 밀가루*	100g
베이킹파우더	2g

* 단백질 함유량이 10.5~12%인 준강력분을 말하며, 주로 바게트 같은 하드 계열 빵을 만들 때 사용한다. 한국에서는 T55를 많이 쓴다. 박력분에 프랑스 밀가루를 섞으면 훨씬 더 좋은 질감이 탄생한다. - 옮긴이

밑준비

- 버터를 1cm 두께로 잘라 상온에 둔다.
- 전란을 풀어둔다.
- 가루류(박력분, 프랑스 밀가루, 베이킹파우더)를 합쳐 두 번 체 친다.

1

스탠드 믹서에 믹서볼과 비터[1]를 세팅한다. 우선 버터를 1/3~1/2 정도를 넣어 처음에는 저속으로 섞는다. 나머지 버터를 넣고 중속에서 고속으로 올려 섞으면서 균일한 크림 상태로 만든다. 비터에 묻은 버터는 고무 주걱으로 깔끔하게 떨구어 낸다.

> 처음에는 저속으로 섞으면서 버터에 공기를 넣어 부드러워지게 합니다. 새 버터를 추가로 넣으면 고루 섞다가 점차 섞는 속도를 올립니다.

2

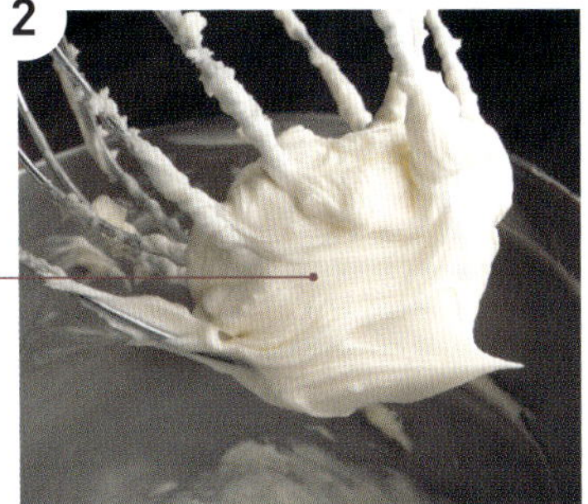

비터를 와이어 휘퍼[2]로 바꾸고 슈거파우더의 1/3~1/2 분량을 더해 처음에는 저속으로 섞는다. 나머지 슈거파우더를 넣으면서 중속에서 고속으로 점차 속도를 올리며 버터 색이 밝아질 때까지 휘핑한다.

> 균일한 반죽으로 만들기 위해서 재료는 처음부터 한 번에 넣지 말고 두세 번에 나누어 넣는 게 기본 규칙입니다.

3

전란의 1/4 분량을 넣는다.

> 먼저 소량의 달걀을 반죽에 넣어 균일하게 섞어서 이후에 넣을 달걀이 분리되지 않게 섞이도록 합니다.

4

어느 정도 섞였다면 나머지 전란을 몇 번에 나눠 넣으며 고루 섞는다.

> 버터와 달걀의 분량이 많아 분리되기 쉬우니 '균일하게 섞는 것'에 집중합니다. 중간에 볼 측면에 붙은 반죽과 재료를 꼼꼼하게 긁어모아 본 반죽에 합쳐 균일한 상태가 되도록 신경 쓰는 것도 중요합니다.

5

믹서볼을 빼고 작업대에 올린다. 가루류 1/3 분량을 더해 고무 주걱으로 고루 섞는다.

> 밀가루는 무겁다 보니 한꺼번에 다 넣으면 바닥에 가라앉아서 균일하게 섞기 어렵습니다.

6

나머지 가루류를 2회에 나눠 넣고 그때마다 고무 주걱으로 바닥부터 반죽을 뒤집듯이 크게 섞는다. 이후 과자에 맞춰 구워낸다.

> 전체적으로 반죽이 고르고 매끄러운 상태가 되도록 합니다.

---

1 스탠드 믹서 부속품 중 하나로, 삼각형으로 생긴 혼합기를 말한다. - 옮긴이
2 스탠드 믹서 부속품 중 하나로, 거품기를 말한다. - 옮긴이

파트 아 제누아즈(스펀지 반죽)

PÂTE À GÉNOISE

'스펀지 반죽'으로도 불리는 결이 곱고 가벼운 반죽. 폭신하고 부드러운 식감과 입안에서 가볍게 녹는 느낌이 특징입니다. 달걀노른자와 흰자를 분리하지 않고 같이 거품을 내기 때문에 '공립법 스펀지 반죽'이라고도 합니다. 버터 분량에 따라 완성 상태가 달라지다 보니 촉촉하게 만들고 싶은지 수분이 없는 상태로 만들고 싶은지 등, 필요에 따라 배합을 바꾸는 경우도 많습니다.

재료(지름 15cm 제누아즈틀 1개 분량)

전란	124g
그래뉴당	80g
박력분	72g
우유	14g
버터(무염)	14g
바닐라빈	1/5개

밑준비

- 바닐라빈 껍질을 세로로 갈라 씨를 긁어낸다.
- 볼에 우유, 버터, 바닐라빈 껍질과 씨를 넣고 중탕(60℃)으로 데운다.
- 박력분을 두 번 체 친다.

1

믹서볼에 전란을 넣고 와이어 휘퍼로 푼다. 그래뉴당을 넣고 고루 섞는다.

> 달걀을 균일한 상태로 푼 이후에 그래뉴당을 넣어야 응어리지지 않습니다.

2

❶을 중탕(60℃)한다. 와이어 휘퍼로 바닥을 긁듯이 섞어 27~28℃로 만든다.

> 이 온도에 달하면 그래뉴당은 거의 녹은 상태입니다. 이 단계에서 확실히 그래뉴당을 녹이고 다음 단계로 넘어갑시다.

3

스탠드 믹서에 ❷의 볼과 와이어 휘퍼를 세팅한다. 처음에만 잠깐 저속으로 섞다가 곧바로 고속으로 올려 충분히 휘핑한 후에 중속, 저속 순으로 속도를 낮춰 결이 고운 반죽으로 완성한다.

> 대략적인 시간은 고속 2분, 중속 2분, 저속 1분입니다.

4

믹서볼을 작업대 위에 올린다. 박력분 1/3 분량을 넣어 고무 주걱으로 고루 섞는다.

> 밀가루는 무겁다 보니 한꺼번에 다 넣으면 바닥에 가라앉아서 균일하게 섞기 어렵습니다.

5

나머지 박력분을 2회에 나눠 넣고, 그때마다 고무 주걱으로 바닥부터 크게 돌려 반죽 전체를 균일하게 섞는다.

> 볼 측면에 붙은 반죽은 자주 스크래퍼로 긁어내야 포인트. 반죽이 균일해집니다.

6

중탕으로 데운 우유액에서 바닐라빈 껍질을 건져낸 후, 고무 주걱을 대고 그 위에 흘리듯이 반죽에 넣는다.

7

바닥부터 반죽을 뒤집듯이 크게 섞으며 균일하게 만든다.

8

반죽을 퍼 올려 떨어뜨렸을 때 리본 상태가 되면 완성이다. 과자에 맞게 구워내면 된다.

> 리본 상태란, 매끄럽게 주르륵 떨어지면서 반죽 위에서 포개졌다가 그 자국이 천천히 사라지는 것을 말합니다.

advice

만드는 법 ❷에서 온도계가 없다면, 달걀액 소량을 손가락으로 문지르면서 그래뉴당이 다 녹았는지 아니면 덩어리가 아직 남아 있는지 확인하면 됩니다. 껄끔거리는 게 없다면 그래뉴당이 다 녹았다는 증거입니다.

비스퀴 조콩드(조콩드 반죽)

BISCUIT JOCONDE

달걀흰자와 노른자를 분리해 만드는 반죽 '파트 아 비스퀴'의 하나로, 가루류에 박력분과 아몬드 가루를 사용하는 스펀지 반죽을 말합니다. 반죽을 오븐팬에 얇게 부어 수분을 충분히 날리듯이 굽는 것이 특징인데, 이렇게 구워야 결이 거칠어져서 시럽이나 알코올을 잘 흡수합니다. 시트 그 자체도 맛있지만 시트에 액체를 머금게 하면 더욱더 달콤한 맛과 향을 즐길 수 있는 과자로 완성할 수 있습니다.

밑준비

- T.P.T를 만든다. 아몬드 가루와 슈거파우더를 합쳐 두 번 체 친다.
- 전란을 풀어둔다.
- 박력분을 두 번 체 친다.
- 버터를 1cm 크기로 깍둑썰고 중탕(60℃)으로 녹인 버터로 만든다.

재료(37cm×52cm 오븐팬 1개 분량)

전란	175g

【 T.P.T 】

┌ 아몬드 가루	125g
└ 슈거파우더	125g
박력분	30g

【 머랭 】

┌ 달걀흰자	125g
└ 그래뉴당	25g
버터(무염)	25g

1

믹서볼에 미리 준비한 T.P.T와 박력분을 넣고 전란을 넣는다.

2

비터로 전체가 고루 섞이게 섞는다.

본격적으로 섞기 전에 이 작업을 해두면 달걀노른자가 덩어리지지 않아 균일하게 완성할 수 있습니다.

3

스탠드 믹서에 ❷의 믹서볼과 비터를 세팅한다. 중속, 저속 순으로 약 10~15분간 섞는다. 중간에 볼 측면에 붙은 반죽도 스크래퍼로 꼼꼼히 긁어 떨어뜨려 본 반죽에 합친다.

이렇게 해야 반죽이 균일한 상태가 되며 고르게 구워집니다.

4

주르륵 떨어지는 리본 상태가 되면 반죽 완료.

5

다른 믹서볼에 달걀흰자와 그래뉴당을 넣는다. 스탠드 믹서에 와이어 휘퍼를 끼우고 p.44의 요령처럼 저속으로 휘핑하면서 결이 고운 머랭을 만든다.

6

❹에 ❺의 1/3 분량을 넣는다. 고무 주걱으로 바닥부터 뒤집듯이 크게 섞는다.

질감이 서로 다른 두 반죽을 섞을 때는 우선 소량을 넣어 고루 섞은 후 합칩니다.

7

고무 주걱으로 바닥부터 뒤집듯이 크게 섞는다.

이 단계에서는 머랭과 반죽을 매끄럽게 섞는 게 목적이기에 머랭 거품이 다소 꺼져도 괜찮습니다.

8

나머지 머랭을 두 번에 걸쳐 넣고 그때마다 고무 주걱으로 균일하게 섞는다.

이 단계에서는 거품이 꺼지지 않도록 주의하면서 바닥에서 크게 퍼 올려 섞어주세요.

9

고무 주걱을 대고 그 위에 녹인 버터를 흘리듯이 반죽에 넣고 바닥에서 크게 퍼 올리며 뒤집듯이 균일하게 섞는다. 과자에 맞춰 구워낸다.

버터는 무게가 있어 쉽게 가라앉으므로 바닥부터 뒤집듯이 크게 섞으면서 반죽이 균일해지도록 만듭시다.

파트 쉬크레(쉬크레 반죽)
PÂTE SUCRÉE

'쉬크레'는 프랑스어로 설탕을 의미하는데, 이 반죽은 이름 그대로 설탕을 넣어서 만드는 달콤하고 바삭한 식감의 반죽형 반죽을 말합니다. 타르트 바닥지로 많이 쓰이며, 아몬드나 헤이즐넛 가루를 섞어 식감을 좀 더 가볍게 만들면서 풍미를 더하기도 합니다. 설탕의 비중이 높아 타기 쉬우므로 미리 한 번 굽고 단시간에 익는 아파레이유(우유와 계란 등 여러 재료를 혼합해 만든 액상 반죽)를 넣어 한 번 더 구워 완성하는 경우가 많습니다. 독일 과자 중에서는 수분이 적은 '뮈르베타이크', 베이킹파우더가 들어가 식감이 부드러운 '마일렌더타이크'를 만드는 방법과 비슷합니다. 굽기 전날 미리 반죽을 만들어서 냉장고에 하룻밤 휴지하면 글루텐이 안정됩니다.

재료(지름 10cm 10장 분량)

버터(무염)	150g
슈거파우더	75g
전란	25g
달걀노른자	20g
박력분	250g

밑준비

- 버터를 1cm 두께로 잘라 상온에 둔다.
- 전란과 달걀노른자를 합쳐 풀어둔다.
- 박력분을 두 번 체 친다.

1 믹서볼에 버터를 넣고 스탠드 믹서에 비터를 세팅한다. 처음에만 잠깐 저속으로 섞다가 곧바로 중속, 고속으로 속도를 올려 밝은 크림 상태로 만든다. 슈거파우더의 1/3 분량을 넣는다.

2 처음에만 잠깐 저속으로 섞다가 곧바로 중속, 고속으로 섞는다. 나머지 슈거파우더를 두 번에 나눠 넣고 그때마다 같은 방법으로 섞는다. 속도를 저속으로 낮추고 달걀을 조금씩 넣으면서 섞다가 중속으로 올려 고루 섞는다. 박력분을 넣고 저속으로 30초 섞는다.

3 날가루가 조금 남은 상태에서 꺼낸다.

냉장고에서 휴지하기에 이 단계에서 과하게 섞지 않도록 주의합시다.

4 비닐에 ❸을 넣고 밀대로 누르면서 전체를 펴준 후, 냉장고에 넣어 하룻밤 휴지한다. 과자에 맞춰 구워낸다.

버터의 비중이 높은 반죽이기에 손 등이 닿아 체온에 녹지 않도록 주의합시다. 반죽한 당일 바로 구울 때는 최소 2~3시간은 냉장고에 넣어 휴지해야 합니다.

파트 사블레(사블레 반죽)
PÂTE SABLÉEE

포슬포슬 잘 바스러지는 식감이 특징인 달콤한 맛의 반죽형 반죽. 최근에는 파트 쉬크레와 거의 구별하지 않으며, 만드는 법도 같습니다. 파트 사블레는 특히 잘 부서지는 식감을 최대한 살려 대부분 쿠키 같은 구움과자에 활용하며, 플로랑탱 사블레처럼 평평하고 얇게 밀어서 사용합니다.

재료

버터(무염)	125g
슈거파우더	125g
전란	50g
박력분	250g
베이킹파우더	2.5g
소금	한 꼬집

만드는 법

버터를 1cm 두께로 잘라 상온에 둔다. 전란을 풀어둔다. 박력분, 베이킹파우더, 소금을 합쳐 두 번 체 친다. 파트 쉬크레와 같은 방법으로 만든다.

파트 브리제(반죽형 반죽)

PÂTE BRISÉE

주로 타르트 바닥지에 사용하며, 기본적으로 설탕을 넣지 않아 달지 않습니다. 단, 목적에 따라 설탕을 소량 추가하거나 물을 우유로 바꿔 배합하는 경우도 있습니다. 포슬포슬 입안에서 바스러지는 가벼운 식감으로 완성되도록 너무 오래 반죽하지 말고 재빨리 재료를 섞는 것이 중요합니다. '반죽형 반죽'이라고 도 불리지만 실제로는 치대면서 반죽해서는 안 됩니다. 치대면서 반죽하면 점 성이 있는 글루텐이 형성되어 식감이 나쁜 반죽으로 완성됩니다. 가능하면 굽 기 전날 미리 반죽해서 냉장고에 하룻밤 휴지하는 게 좋습니다.

재료

박력분	250g
버터(무염)	125g
달걀노른자	20g
차가운 물	50g
소금	2g

밑준비

- 박력분을 두 번 체 치고 냉장고에 넣어 차게 식힌다.
- 버터를 1cm 크기로 깍둑썰고 냉장고 에 넣어 차게 식힌다.
- 달걀노른자를 풀어둔다.
- 차가운 물에 소금을 넣어 녹인다.

1

작업대에 박력분을 두고 그 위에 버터를 올린다.

2

스크래퍼 2개를 양손에 쥐고 버터를 잘게 다지면서 버터가 팥알 크기로 작아질 때까지 박력분과 함께 섞는다.

3

버터가 팥알 크기로 작아지면 양손으로 박력분과 버터를 비벼서 보슬보슬하게 만든다.

4

한곳으로 모아 가운데를 오목하게 판다. 오목한 부분에 달걀노른자, 소금물을 넣는다.

5

쓰러뜨리듯이 밀가루를 가운데로 조금씩 밀어 넣으면서 손끝으로 섞어 한 덩어리로 만든다.

6

반죽을 스크래퍼로 반으로 잘라 하나로 포개고, 손바닥으로 위에서 누른다. 날가루가 보이지 않고 반죽이 전체적으로 촉촉해질 때까지 이 작업을 반복한다.

> 글루텐이 생기지 않도록 절대로 치대지 마세요.

7

양손으로 한 덩어리로 만들어 바깥에서 안쪽으로 접는다. 시계방향으로 90° 회전시켜 옆으로 돌린 후, 같은 방법으로 접는다.

8

❼을 반복한다. 천천히 공기를 빼면서 둥근 형태로 만든다.

9

손바닥으로 눌러 평평하게 만든다. 비닐로 감싸 냉장고에 넣고 하룻밤 휴지한다. 과자에 맞춰 구워낸다.

> 반죽한 당일 바로 구울 때는 최소 2~3시간 냉장고에 넣어 휴지합시다.

파트 아 슈(슈 반죽)

PÂTE À CHOUX

이 반죽은 이름에서 알 수 있듯이 슈크림을 만들 때 빼놓을 수 없는 반죽입니다. 수분량이 많은 반죽의 특징을 살려 고온에서 단숨에 가열하여 크게 부풀린 다음, 수분을 날려가며 속이 텅 빈 상태로 구워내는 것이 특징입니다. 이 반죽은 박력분에 충분히 열이 가해졌는지가 중요한 부분입니다. 반죽할 때 가열이 부족하면 구울 때 부풀어 올랐다가 나중에 주저앉아버립니다. 달걀을 충분히 섞어서 감칠맛 있는 매끄러운 상태로 완성하는 것도 중요합니다. 또한 카페 바흐에서는 물의 일부를 우유로 대체해 좀 더 고소하게 만들 때도 있습니다.

재료(만들기 쉬운 분량)

버터(무염)	90g
박력분	120g
물	200g
소금	2g
전란	200g

밑준비

- 버터를 1cm 크기로 깍둑썬다.
- 박력분을 두 번 체 친다.
- 물에 소금을 넣어 녹인다.
- 전란을 풀어둔다.

1

구리 재질 볼에 소금물과 버터를 넣고 중간 불로 끓여 나무 주걱으로 저으면서 버터를 완전히 녹인다.

구리볼이 없다면 가정용 냄비로 만들어도 됩니다. 단, 타지 않도록 주의합시다. 버터는 같은 크기로 작게 잘라야 동시에 빨리 녹일 수 있습니다.

2

불을 끄고 박력분을 한 번에 넣는다. 덩어리지지 않도록 재빨리 섞는다. 점차 날가루가 보이지 않게 되면서 한 덩어리로 뭉쳐진다.

3

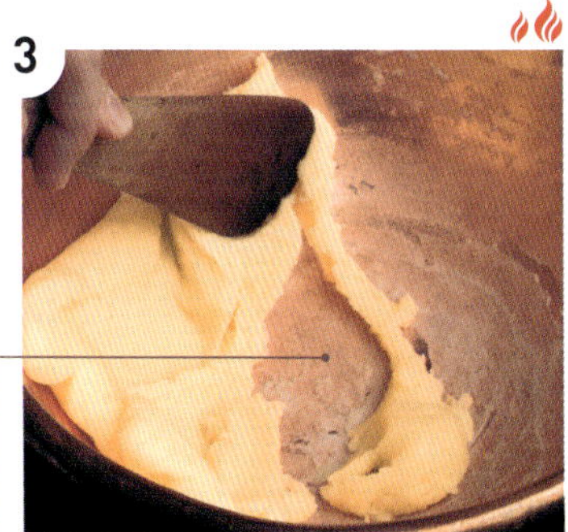

다시 약한 중간 불에 올리고 반죽을 구리볼 측면으로 펼쳐가며 수분을 날리듯이 충분히 볶는다.

측면에 얇은 막이 생기면 그만 볶아도 된다는 신호입니다.

4

❸을 믹서볼에 넣고 비터와 함께 세팅한다. 저속으로 2~3회 섞어 조금 식힌다. 전란을 소량 넣고 중속으로 충분히 섞은 후, 나머지도 같은 방법으로 섞는다.

믹서볼 측면에 반죽이 붙으면 그때마다 믹서를 멈추고 스크래퍼로 긁어내주세요. 반죽을 균일한 상태로 섞을 수 있는 포인트입니다.

5

반죽에 광택이 생기고 덩어리로 떨어질 정도의 되직한 농도가 되면 완성. 반죽이 따뜻할 때 짤주머니에 넣어 사용한다. 과자에 맞춰 구워낸다.

반죽이 식으면 단단해져서 다루기 어려워집니다. 그럴 때는 중탕으로 다시 따뜻하게 데워서 짤주머니에 채운 후 사용해주세요.

파트 푀이테(접기형 파이 반죽)

PÂTE FEUILLETÉE

밀가루 반죽(데트랑프)과 버터를 번갈아 접어서 아주 얇은 층이 겹겹이 생긴 파이 반죽을 말합니다. 오븐에 넣어 구우면 버터가 녹아 반죽에 스며들고, 부풀어 올라 겹겹이 층이 생깁니다. 이 층 덕에 입에 넣는 순간 버터향이 퍼지면서 바사삭 부서지는 가벼운 식감이 생겨납니다. 오랜 시간 냉장고에 넣고 휴지해야 하므로 굽기 전날 반죽해야 합니다. 매우 예민한 반죽이니 반죽 온도가 높아지지 않도록 주의해야 합니다. 버터가 녹으면 아름다운 층이 생기지 않으니 반죽할 때 자주 냉장고에 넣는 게 비결입니다. 가능하면 굽기 전날 반죽해놓고 하룻밤 휴지합시다.

재료(만들기 쉬운 분량)

【 밀가루 반죽 】(데트랑프)

버터(저수분*, 무염)	50g
강력분	250g
박력분	250g
차가운 물	250g
소금	10g

버터(저수분*, 무염, 충전용)	400g
덧가루(강력분)	적당량

* 수분 함유량이 일반 버터(15~17%)보다 2~3% 정도 낮아서 잘 녹지 않기 때문에 안정된 상태를 유지할 수 있고, 신축성이 좋아서 접기형 반죽에 사용하기 좋다. 구웠을 때 바삭하고 가벼운 식감으로 완성할 수 있다. 없다면 일반 무염버터로 만들어도 된다.

밑준비

- 버터는 모두 냉장고에 넣어 차게 식힌다.
- 가루류(강력분과 박력분)를 합쳐 두 번 체 치고 냉장고에 넣어 차게 식힌다.
- 차가운 물에 소금을 넣어 녹인다.

1

밀가루 반죽(데트랑프)을 만든다. 볼에 가루류를 넣는다. 버터를 밀대로 두드려서 평평하게 만든 후 손으로 작게 찢으면서 흩뿌린다.

2

소금물을 더해 스크래퍼로 버터를 작게 자르면서 손으로 반죽 전체를 볼에 눌러 고루 섞는다.

밀가루 수분 함유량에 따라 필요하다면 소량의 물을 더해 단단한 정도를 조절해주세요. 이때, 물은 마른 부분에 뿌리세요.

3

한 덩어리로 뭉치면 작업대로 옮겨 스크래퍼로 작게 자른다.

4

반죽을 겹치고 작업대에 대고 누르면서 섞는다. 이 작업을 반복해 날가루가 보이지 않게 되면 동그랗게 뭉친다.

글루텐이 생기지 않도록 절대로 치대지 마세요.

5

반죽 높이의 약 1/2에 조금 못 미치는 정도까지 십자 모양으로 칼집을 넣고, 비닐로 싸서 냉장고에 넣어 60분간 휴지한다.

휴지하는 목적은 두 가지입니다. 첫 번째는 밀가루 반죽을 4~5℃로 차게 식혀 반죽 시 형성된 글루텐을 약하게 만들기 위해서이고, 두 번째는 접기형 반죽과 충전용 버터를 같은 온도로 맞춰 버터가 녹지 않게 하기 위해서입니다.

6

작업대에 덧가루를 약간 뿌리고 그 위에 충전용 버터를 올려 밀대로 두드려서 20cm 정사각형으로 민다. 냉장고에 넣어 차게 식힌다.

밀가루 반죽을 미는 동안 버터가 녹지 않도록 냉장고에 넣어둡니다.

7

작업대에 덧가루를 뿌린 다음, ❺를 칼집이 위로 향하게 올리고 밀대로 누르면서 편다.

8

네 모서리를 각각 바깥쪽으로 젖히듯이 펼쳐 정사각형으로 만든다.

9

네 모서리를 펼치듯이 안쪽에서 바깥쪽으로 밀대를 민다. 가운데는 도톰한 채로 둔다.

가운데 부분은 나중에 접을 때 낭겨져서 얇아지기에 도톰한 채로 둡니다.

→ p.38로 이어짐

10

반죽 가운데에 냉장고에서 꺼낸 ❻을 올리고 반죽 네 모서리를 안쪽으로 접는다. 반죽 끝부분을 밑에서부터 잡아당겨 버터를 완전히 감싸 밀착시킨다.

11

이음매나 구멍이 난 곳을 손가락으로 집어서 꼼꼼하게 여민다. 비닐로 감싸 냉장고에 넣어 60분간 휴지한다.

12

3절접기를 하기 위한 너비를 만든다. 작업대에 덧가루를 뿌리고 ⓫의 이음매가 위로 오게 반죽을 올린 후 밀대를 위쪽 끝부분, 아래쪽 끝부분, 가운데, 가운데 위아래 순으로 눌러 가로 너비를 20cm로 만든다.

처음에 위쪽과 아래쪽 끝부분을 밀대로 눌러두면 버터가 삐져나오는 것을 막을 수 있습니다.

13

밀대를 반죽 가운데에서 위쪽으로 민 후, 가운데에서 아래쪽으로 밀어 길이를 60cm로 만든다. 길이는 가로 너비의 3배가 되도록 기준을 삼으면 된다.

14

반죽 위쪽의 1/3을 앞쪽으로 접고, 접은 부분을 손가락으로 눌러서 밀착시킨다.

15

두 장이 포개진 끝부분을 밀대로 누른다.

버터가 밖으로 삐져나오는 것을 막습니다.

16

반죽 전체를 시계방향으로 90° 돌려 왼쪽 1/3을 가운데로 접어서 포갠다. ⓭~의 작업을 한 번 더 반복한다. 이 3절접기 2회를 '1세트'라 한다.

17

반죽 가장자리를 손가락으로 눌러 1세트를 완료했다는 표시를 해둔다. 비닐로 감싸 냉장고에서 60분간 휴지한다. ⓭~⓰을 반복해 2세트가 끝나면 손가락으로 한 번 더 눌러 표시를 해둔다. 비닐로 감싸 냉장고에서 60분간 휴지한다.

18

3세트가 끝나면 손가락으로 한 번 더 눌러 표시를 하고 3절접기 작업을 완료한다. 비닐로 감싸 냉장고에서 하룻밤 휴지한다. 과자에 맞춰 구워낸다.

반죽한 당일 바로 구울 때는 최소 2~3시간 냉장고에 넣어 휴지합시다.

푀이타주 라피드

(속성 접기형 파이 반죽)

FEUILLETAGE RAPIDE

접기형 파이 반죽인 파트 푀이테(p.36)는 아름다운 층이 겹겹이 쌓이지만 반죽 시간이 오래 걸린다는 단점이 있습니다. 파이 과자 중에는 애플파이처럼 어느 정도 층이 있기만 하면 불규칙적이어도 상관없는 종류가 있습니다. 그런 경우에는 이 푀이타주 라피드 반죽을 사용합니다. 밀가루 반죽(데트랑프)을 만들지 않아도 되는 만큼 시간을 단축할 수 있고, 덜 수고스럽습니다. 접기 작업을 한 후에 냉장고에 넣어 휴지하는 시간도 파트 푀이테보다 짧고, 사용하는 당일에 반죽할 수도 있기에 시간이 없을 때도 편리합니다.

재료(지름 20cm 파이틀 2개 분량)

버터(저수분, 무염)	400g
강력분	250g
박력분	250g
차가운 물	250g
소금	8g

밑준비

- 버터는 약 2cm 크기로 깍둑썰고 냉장고에 넣어 차게 식힌다.
- 강력분과 박력분을 합쳐 두 번 체 치고 냉장고에 넣어 차게 식힌다.
- 차가운 물에 소금을 넣어 녹인다.

1 볼에 가루류와 버터를 넣고 손과 스크래퍼로 가볍게 섞어 버터에 밀가루를 입힌다. 소금물을 넣어 섞고, 스크래퍼로 밀가루를 가운데로 모으면서 손으로 누르면서 섞는다.

> 버터 모양이 남아 있어도 상관없습니다.

2 ①을 작업대로 옮기고, 양손으로 너비 20cm 정도의 세로로 긴 모양이 되게끔 뭉친다.

3 밀대를 올려 양손에 체중을 실으면서 눌러 세로로 길게 편다.

4 스크래퍼를 사용하며 3절접기를 한다. 90° 회전한다.

> 반죽이 부드럽고 끈기가 있으므로 스크래퍼를 사용해 작업합시다.

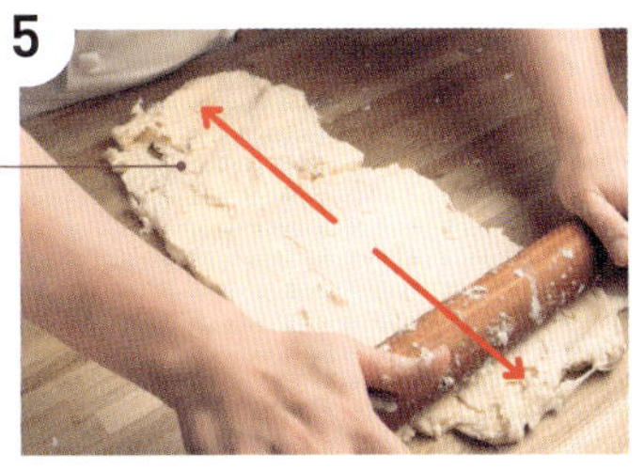

5 밀대를 반죽 가운데에 올리고 가운데에서 위로 밀어서 위쪽 절반을 민다. 같은 방법으로 가운데에서 아래쪽 절반을 밀고 길이 60cm로 만든다.

> 3절접기를 할 때 적당한 길이 기준은 가로 너비의 3배 정도로 삼으면 됩니다.

6 스크래퍼를 활용하면서 위쪽 1/3을 앞쪽으로 접어서 포갠다. 반죽을 시계방향으로 90° 돌리고, 왼쪽 1/3을 접어서 포갠다. ⑤~를 한 번 더 반복한다. 이 3절접기 2회를 '1세트'로 한다. 비닐로 감싸고 냉장고에 넣어 40분간 휴지한다. ⑤~를 같은 방법으로 2세트 실시해 총 3세트 실시한다. 그때마다 비닐로 감싸 냉장고에 넣어 60분간 휴지한다.

크렘 샹티이(휘핑 크림)

CRÈME CHANTILLY

생크림에 설탕을 넣어 휘핑한 것으로, 흔히 휘핑 크림이라고 부르기도
합니다. 휘핑하는 정도에 따라 식감과 상태가 크게 바뀝니다. 이 책에
서 주로 사용하는 크림은 거품기를 들었을 때 주르륵 떨어지는 정도로
묽게 휘핑한 '50% 휘핑', 케이크 시트에 바르는 '80% 휘핑' 두 가지입
니다. 용도에 맞게 조절해서 사용합시다. 또한 생크림을 휘핑할 때 10℃
이하로 유지하면 균일하게 만들 수 있습니다. 반드시 얼음물 위에 올려
작업하도록 합시다. 설탕을 넣지 않고 생크림만 휘핑한 것은 '크렘 푸에
테'라고 합니다.

재료(만들기 쉬운 분량)

생크림(유지방 성분 40%) ·························· 350g
슈거파우더(생크림 분량의 9%) ···················· 32g

만드는 법

볼에 생크림을 넣고 얼음물 위에 올려 10℃ 이하
로 유지하면서 일정한 리듬으로 휘핑한다(사진).

서서히 작은 기포가 늘어나고, 거품기에 달라붙
을 정도로 되직해지면 슈거파우더를 한 번에 넣
고 계속해서 휘젓는다.

크렘 파티시에르(커스터드 크림)
CRÈME PÂTISSIÈRE

달걀의 단맛과 우유의 부드러운 맛으로 익숙한, 이른바 커스터드 크림. 기본 재료가 우유, 달걀노른자, 설탕, 밀가루로 단순한 만큼, 배합에 따라 맛이 크게 바뀝니다. 카페 바흐에서는 우유와 달걀노른자의 분량을 늘리고 박력분을 줄여서, 한입 먹자마자 맛이 또렷하게 느껴지는 진하고 농후한 맛을 목표로 삼고 있습니다.

재료(만들기 쉬운 분량)

달걀노른자	72g
그래뉴당	90g
박력분	30g
우유	300g
바닐라빈	1/4개

밑준비

- 구리냄비에 우유를 넣는다. 바닐라빈 껍질은 세로로 갈라 씨를 긁어내고 긁어낸 씨와 껍질을 함께 넣는다.
- 박력분을 두 번 체 친다.

1

유리볼에 달걀노른자를 넣고 거품기로 잘 푼다.

> 달걀노른자와 그래뉴당을 섞을 때, 되도록 공기가 들어가지 않게끔 주의합니다.

2

그래뉴당을 넣고 거품기를 좌우로 직선을 그리듯이 세게 움직이며 섞는다. 색이 밝게 변하면 박력분을 넣고 섞는다.

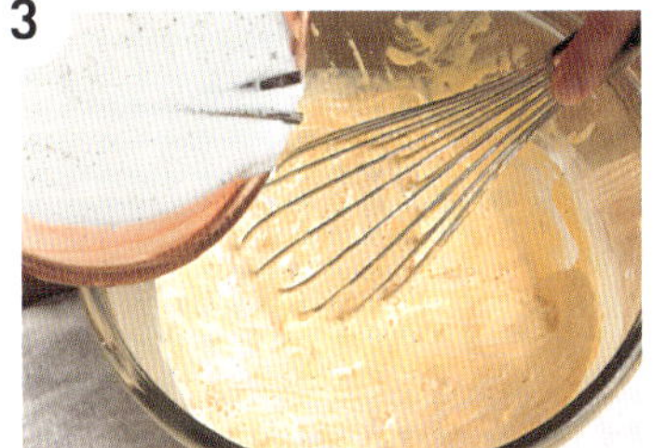

3

우유를 넣은 구리냄비를 불에 올려 끓이고 ❷에 소량 넣어 고루 섞는다. 냄비에 남은 나머지 우유도 조금씩 넣으면서 거품기로 고루 섞는다. 거름망에 거르면서 다시 구리냄비로 옮긴다.

4

구리냄비를 센 중간 불에 올려 타지 않도록 거품기로 냄비 바닥을 계속 저으면서 끓인다.

> 구리냄비가 아닌 다른 냄비를 사용할 경우에는 타서 눌어붙을 수도 있으므로 불을 조금 더 줄여주세요. 단, 약한 불로 끓이면 안 됩니다.

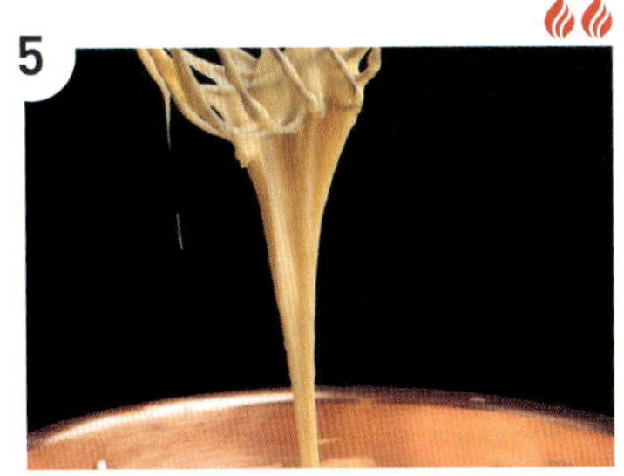

5

점점 농도가 되직해지고 묵직해지는데 이때도 손에 힘을 주고 계속 섞어준다. 이후 밀가루가 익어 조금 가벼워지면 중간 불로 낮추고 계속해서 섞는다. 거품기를 들었을 때 주르륵 떨어지는 정도가 되면 완성이다.

6

❺가 아직 뜨거울 때 바트에 옮겨 담아 거품기로 표면을 고르게 펼치고 곧바로 비닐랩으로 밀착한다. 얼음물을 넣은 바트 위에 올려 식힌다.

> 비닐랩을 씌우지 않으면 표면이 말라버립니다. 곧바로 사용하지 않을 경우에는 냉장고에 넣어 보관합시다.

버터 크림
BUTTERCREAM

버터와 이탈리안 머랭(p.44)을 합쳐서 만드는 버터 크림은 입안에서 사르르 녹으면서 농후하고, 가벼우면서도 깊은 맛이 특징입니다. 흔히 '버터 크림은 무겁다'고 말하는 이유의 대부분은 머랭의 거품이 꺼져버렸기 때문입니다. 좀 더 농후한 맛을 내기 위해 이탈리안 머랭 대신 달걀노른자를 사용하는 파트 아 봄브나 커스터드 크림, 앙글레즈 소스 등으로 바꿔서 응용하기도 합니다. 커피 농축액 등을 넣는 경우에는 마지막에 고속으로 섞어서 향을 살립니다. 이 책에서는 버터 크림을 사용하는 과자는 등장하지 않지만, '다쿠아즈'(p.114)의 크림과 만드는 법이 거의 같습니다.

재료(만들기 쉬운 분량)

버터(무염) ·············· 188g

【 이탈리안 머랭 】
(만들기 쉬운 분량. 130g을 사용)

┌ 달걀흰자 ·············· 100g
│ 그래뉴당 ·············· 160g
└ 물 ·············· 50g

밑준비

- 버터는 1cm 두께로 잘라 상온에 둔다.

1

p.44의 요령으로 이탈리안 머랭을 만든다. 130g을 쓴다.

2

스탠드 믹서에 와이어 휘퍼와 새로운 믹서볼을 세팅하고 버터를 넣는다. 처음에만 잠깐 저속으로 섞다가 곧바로 고속으로 섞으면서 밝은 크림 상태로 만든다.

3

❷에 ❶을 1/4 정도 넣고 고루 섞는다.

4

나머지 ❶을 3회에 나눠 넣으면서 중속으로 고루 섞는다. 머랭이 보이지 않을 정도로 균일하게 섞이면 완성.

측면에 붙은 크림은 스크래퍼로 긁어서 떨어뜨립시다. 이렇게 하면 균일한 크림으로 완성할 수 있습니다.

크렘 다망드 (아몬드 크림)
CRÈME D'AMANDES

아몬드 풍미가 듬뿍 담긴 크림으로 버터, 슈거파우더, 달걀, 아몬드 가루의 4가지 재료를 같은 비율로 섞어서 만드는 것이 기본 스타일입니다. 심플한 맛이기에 활용도가 좋고, 피티비에(p.96)처럼 그대로 파이로 감싸거나, 크렘 파티시에르(p.41)와 섞어서 풍미와 감칠맛이 좀 더 진한 크림으로 만드는 등 다양하게 변신할 수 있습니다. 바닐라와 섞어서 달콤한 향을 입히거나 시나몬향을 입히는 등, 폭넓게 활용할 수 있습니다. 가능하면 전날 미리 만들어서 안정된 상태로 사용하는 것이 좋습니다.

재료(만들기 쉬운 분량)

버터(무염)	90g
전란	60g
슈거파우더	90g
아몬드 가루	90g
아마레토*	18g

* 생아몬드향이 나는 이탈리아 리큐르.

밑준비

- 버터는 1cm 두께로 잘라 상온에 둔다 (손가락으로 눌렀을 때 자국이 남을 정도의 상태).
- 전란을 풀어둔다.
- 아몬드 가루를 두 번 체 친다.

1

볼에 버터를 넣고 거품기로 고루 섞어 부드러운 크림 상태로 만든다. 슈거파우더를 넣어 날가루가 보이지 않고 밝은색이 될 때까지 섞는다.

> 버터가 단단하면 슈거파우더를 넣어도 균일하게 섞이지 않기에 밑준비 단계에서 실온 상태로 만들어둡시다.

2

❶에 전란을 소량 넣고 잘 섞는다.

3

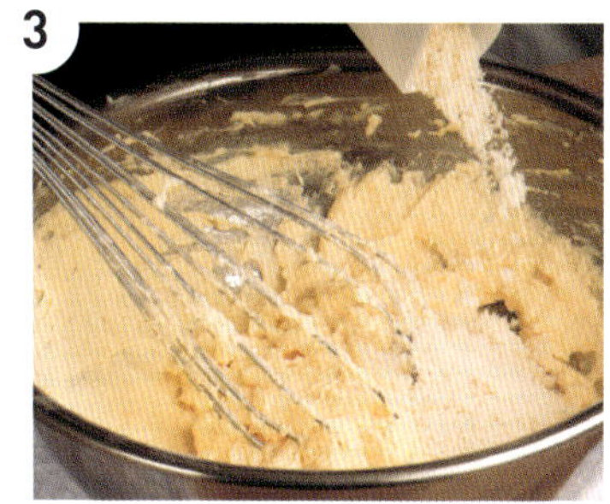

조금씩 전란의 양을 늘리면서 균일한 상태가 될 때까지 섞고, 아몬드 가루를 한 번에 넣는다.

4

> 당일 바로 사용할 경우, 적어도 2~3시간은 냉장고에 넣어 휴지합시다. 냉장고에서 꺼내면 단단하기에 사용할 때는 거품기로 부드럽게 풀고 사용해주세요.

거품기를 다른 손으로 잡고 충분히 섞어 되직하고 매끄러운 상태가 되면 아마레토를 넣는다. 비닐랩을 씌워 냉장고에 넣어 하룻밤 휴지한다.

머랭
MERINGUE

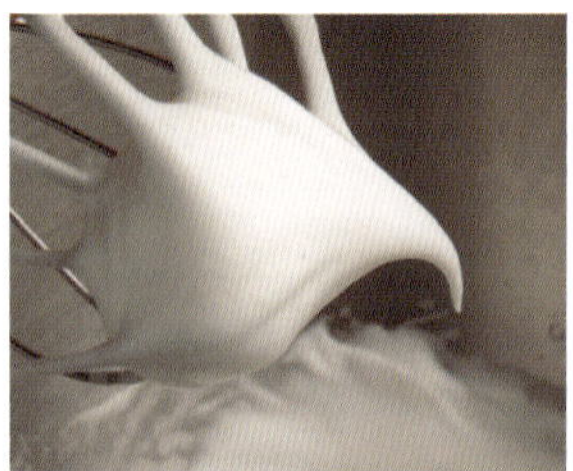

머랭이란 달걀흰자를 휘핑해 공기를 가득 넣어 결이 곱고 폭신하면서 매끄러운 거품으로 만든 것을 말합니다. 설탕도 넣어서 거품을 되도록 오래 유지되게끔 만듭니다. 기본 머랭은 가열하여 완성하는 과자에 사용합니다. 이를테면 밀가루 반죽에 머랭을 섞어서 기포를 팽창시켜 반죽이 부풀어 오르게 만들기도 하고, 머랭을 주재료로 삼고 소량의 아몬드 가루 등을 더해 구워내 입안에서 살살 녹는 가벼운 식감의 과자를 만들기도 합니다. 달걀흰자와 설탕의 배합을 다르게 하면 머랭의 성질도 달라지므로 용도에 맞게 조절해 사용합니다.

만드는 법 ※ 배합은 각 과자를 참조

1 믹서볼에 달걀흰자를 넣어 와이어 휘퍼를 손에 쥐고 푼다. 그래뉴당 분량의 1/3을 넣고 가볍게 섞는다. 소금을 넣을 때는 이 단계에 넣는다.

> 스탠드 믹서를 사용할 때는 과하게 휘핑하지 않도록 바로 설탕을 넣습니다. 손으로 휘핑하는 경우에는 달걀흰자만 거품기에 달라붙을 정도로 휘핑한 후에 설탕을 넣습니다.

2 스탠드 믹서에 ❶과 와이어 휘퍼를 세팅하고, 처음에만 잠깐 저속으로 섞다가 곧바로 고속으로 올려 섞는다. 나머지 그래뉴당을 2회에 나눠 넣고 충분히 섞어 큰 거품을 많이 만든다.

3 그래뉴당을 다 넣으면 중속, 저속 순으로 속도를 낮춰 고운 거품으로 만든다. 믹서를 멈춰 와이어 휘퍼를 손으로 잡고 부드럽게 휘저으면서 매끈하고 윤기 나는, 거품기를 들었을 때 뿔이 뽀족하게 서는 상태로 만든다.

이탈리안 머랭
ITALIAN MERINGUE

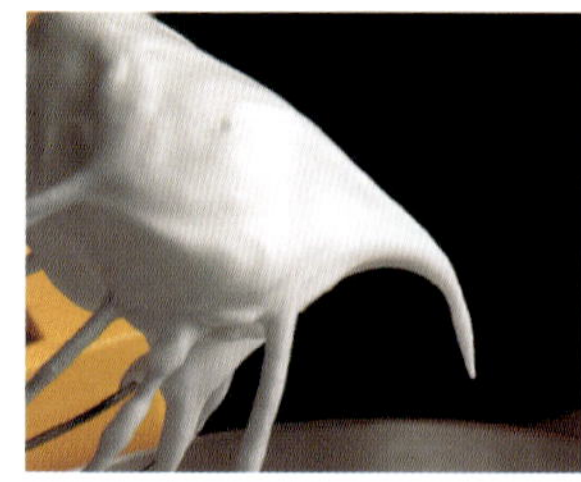

달걀흰자에 118~120℃로 가열한 시럽을 넣으면서 휘핑해서 만드는, 탄력 있는 머랭입니다. 고온으로 가열하면서 휘핑하는 방법과 거의 같은 원리라 머랭의 거품이 단단하고 잘 꺼지지 않는다는 특징이 있습니다. 또한 뜨거운 시럽으로 달걀흰자를 살균하는 효과도 있기 때문에 크렘 파티시에르(p.41)나 버터 크림(p.42) 등에 섞어서 그대로 먹거나, 차가운 과자 등 가열하지 않는 종류에 사용할 수 있습니다. 달걀흰자를 휘핑하면서 뜨거운 시럽을 조금씩 넣어야 하기에 스탠드 믹서를 사용하는 편이 좋습니다.

만드는 법 ※ 배합은 각 과자를 참조

1 냄비에 물과 그래뉴당을 넣고 가열해 끓이면서 118~120℃로 만든다. 200℃까지 잴 수 있는 온도계가 없다면, 시럽을 차가운 물에 조금 떨어뜨리고 손가락으로 집었을 때 한 덩어리로 뭉치고 탄력 있는 엿과 같은 상태가 되면 적정 온도인 것이다. 이와 동시에 ❷의 달걀흰자도 휘핑한다.

2 믹서볼에 달걀흰자를 넣고 와이어 휘퍼와 함께 스탠드 믹서에 세팅한다. 처음에는 저속으로 섞다가 거품이 생기기 시작하면 ❶을 조금씩 넣으면서 고속으로 충분히 휘핑한다. 거품이 곱고 매끄러우면서 윤기가 있고, 거품기를 들었을 때 뿔이 뽀족하게 서는 단단한 상태가 되면 완성이다.

> **달걀흰자의 신선도와 머랭 거품의 관계**
> 달걀흰자는 신선도에 따라 거품의 성질이 달라집니다. 신선하지 않으면 손쉽게 휘핑할 수 있지만 거품 자체에 힘이 없어 꺼지기 쉽고 전체적으로 불안정합니다. 반대로 신선하면 휘핑하기 어렵고 시간이 걸리지만 결이 곱고 안정적인 머랭을 만들 수 있습니다.

제 2 장

약배전과 잘 어울리는 과자

마들렌

MADELEINE

프랑스 코메르시에서 처음 만든 것으로 알려진 과자로, 고전 구움과자에 속합니다. 겉은 바삭하면서 고소하고 속은 촉촉하게 구워내기 위해서는 굽는 온도가 아주 중요합니다. 또한 실패하지 않기 위해 조금 번거롭더라도 굽기 전날 미리 반죽을 만들어서 반죽이 안정된 상태가 되도록 하는 게 좋습니다. 마들렌만의 독특한 배꼽은 차갑게 식힌 반죽을 구워야 생겨납니다. 17~18℃의 반죽을 210℃로 예열한 오븐에 넣으면 겉은 빨리 익어서 단단해집니다. 그래서 시간이 지나 열이 속까지 전해져 부풀어 오르려고 할 때는 단단해진 겉면이 벽이 되어 갈 곳 잃은 반죽이 마그마처럼 볼록하게 솟아오르는 것입니다. 바흐에서는 전나무꿀과 레몬제스트를 넣어 일반적인 맛이 아닌, 고급스러운 구움과자로 완성합니다. 식감과 향, 그리고 섬세한 반죽의 맛을 부디 만끽해주시기를 바랍니다.

재료(22개 분량)

전란	125g
그래뉴당	125g
박력분	125g
베이킹파우더	5g
버터(무염)	125g
꿀	25g
바닐라에센스	5방울
레몬제스트*	1/2개 분량

* 레몬을 굵은 소금으로 문질러 씻어낸 후, 껍질을 간 것.

밑준비

당일

- 마들렌틀에 녹인 버터(분량 외)를 얇게 발라 냉장고에 넣어 차게 식힌 후, 강력분(분량 외)을 얇게 뿌리고 다시 냉장고에 넣어 차게 식힌다.

 오븐 예열은 **210℃**

커피와의 궁합

부드러운 산미와 복잡한 맛을 가진 고급 커피와 매칭하면 마들렌의 섬세한 맛이 죽지 않아 더욱더 맛있게 음미할 수 있습니다. 또한 꿀향과도 충돌하지 않을뿐더러, 커피의 깔끔한 산미가 레몬제스트향과도 이어져 악센트가 훨씬 더 강조됩니다. 로스팅은 약배전에서 중배전이 잘 어울리며, 중강배전도 약한 것까지는 매칭해도 괜찮습니다. 일반적으로 반죽을 굽기만 하는 과자는 로스팅 단계가 높은 커피와 매칭하면 커피가 전체를 지배하기 때문에 궁합이 좋지 않습니다.

BACH'S SELECTION

BEST	▶	약	베트남 아라비카
BETTER	▶	중	파나마 돈파치 게이샤 W
OTHER	▶	약	아이티 뱁티스트	중	코스타리카 PN

전날 박력분, 베이킹파우더를 합쳐 두 번 체 친다.

버터를 1cm 크기로 깍둑썰고 중탕(60℃)으로 녹인 버터로 만든다.

볼에 전란을 넣고 거품기로 푼다.

❸에 그래뉴당을 한 번에 넣고 거품기로 볼 바닥을 긁듯이 저어서 균일하게 만든다. 꿀을 섞고 바닐라에센스와 레몬제스트를 넣어 고루 섞는다.

❶의 가루류를 한 번에 넣고 거품기를 천천히 크게 움직인다.

날가루가 보이지 않을 때까지 골고루 섞는다.

❷의 녹인 버터를 소량 넣는다.

처음에는 조금만 넣고 충분히 섞습니다.

나머지 녹인 버터를 넣고 골고루 섞는다. 비닐을 덮고 냉장고에 넣어 하룻밤 휴지한다.

만든 지 얼마 안 된 반죽은 설탕이 완전히 녹지 않은 상태로, 어느 정도 남아 있습니다. 굽기 전날 미리 만들어 하룻밤 휴지하면 맛이 잘 어우러지고 반죽이 안정적인 상태가 됩니다. 반죽한 당일에 굽는다면 2시간 이상은 휴지합시다.

당일 ❽을 냉장고에서 꺼내 실온에 10분간 둔다. 거품기로 섞어서 농도를 균일하게 만들고, 12mm 원형 깍지를 낀 짤주머니에 채운다.

반죽 온도는 17~18℃가 되는 걸 기준으로 삼으면 됩니다.

10

미리 준비한 틀을 냉장고에서 꺼내 ❾를 80% 정도 짠다. 틀을 10cm 높이에서 작업대에 떨어뜨려 반죽을 정돈한다.

11

210℃로 예열한 오븐에 넣어 7~8분간 구워 겉면을 충분히 익히고, 160℃로 온도를 낮춰 8~9분간 구워 속까지 익힌다. 다 구워지면 틀에서 분리한 후 식힘망 위에 올려 그대로 식힌다.

볼록하게 솟아오른 배꼽에 구움색이 나면 반죽 전체가 잘 익었다는 증거입니다.

마들렌을 생각하며

마들렌은 맛도 맛이지만 아름다운 형태에 늘 매료됩니다.

여러 책에 따르면 처음에는 가리비 껍데기에 반죽을 채워서 구웠다고 합니다. 마들렌틀은 크게 가리비틀과 조가비틀이라는 두 가지 타입으로 나뉘는데 평평한 조가비틀에는 다양한 크기와 모양이 있지만, 개인적으로는 이 책에서 소개한 가리비틀을 좋아합니다.

다만 이 가리비틀 모양의 조개는 여태 한 번도 본 적이 없습니다. 하루는 '혹시 옛날 돛단배의 돛 모양이 아닐까?'라는 생각이 번뜩 떠오른 적이 있습니다. '오븐 속에서 반죽이 봉긋 솟아오르는 건 순풍에 돛이 바람을 잔뜩 받고 볼록해진 모습이려나?' 등등, 낭만이 끝없이 펼쳐집니다. 그래서 이 과자를 구울 때는 어쩐지 마음이 평온해진답니다.

딸기 타르트

TARTE AUX FRAISES

아몬드 풍미의 보슬보슬 부서지는 타르트 반죽, 크렘 브륄레 반죽과 생크림, 그리고 딸기를 듬뿍 올린 타르트의 왕. 입안에 퍼지는 타르트 시트의 버터와 아몬드 향, 풍성한 크림을 딸기 과즙이 깔끔하게 정리해줍니다. 이 신선한 산미가 맛의 포인트로, 가장 맛있게 먹을 수 있는 시기는 딸기가 나오기 시작하는 11월 하순입니다. 카페 바흐에서는 산미가 약해지는 4월 말에는 더는 만들지 않기에 겨울에서 봄까지만 즐길 수 있는 계절 과자입니다.

커피와의 궁합	약	중	중강	강
	◎	△	△	×

딸기의 화려한 맛은 깔끔한 산미, 단맛, 신선함 등 다양한 성분이 고급스럽게 조화를 이루기에 마치 블렌드와도 같습니다. 다른 과일에는 없는 딸기만의 개성을 살리기 위해서는 커피도 고급스럽고 부드러운 산미가 있는 깔끔한 맛과 매칭하는 것이 좋습니다. 딸기는 시기와 품종에 따라 맛의 균형이 달라지는데, 특히 신맛보다 단맛이 더 강해지는 시기에는 약배전 커피로 산미를 더해줘도 좋습니다. 개성이 강한 커피와는 그다지 궁합이 좋지 않습니다.

BACH'S SELECTION

BEST ▶ 약 블루마운틴 No.1 　**BETTER** ▶ 중 니카라과

재료(지름 7cm 원형 타르트틀 16개 분량)

파트 쉬크레 오 자망드

버터(무염)	150g
슈거파우더	100g
아몬드 가루	80g
전란	50g
박력분	220g
소금	한 꼬집
덧가루(강력분)	적당량

크렘 브륄레 반죽

달걀노른자	120g
그래뉴당	100g
Ⓐ 생크림(유지방 성분 47%)	250g
우유	85g
바닐라빈	1/3개
딸기	40개

크렘 샹티이 Ⓐ

생크림(유지방 성분 40%)	200g
슈거파우더	40g

크렘 샹티이 Ⓑ

생크림(유지방 성분 40%)	100g
슈거파우더	9g
나파주(장식용)	적당량
피스타치오(장식용)	적당량

밑준비

전날 ※ 파트 쉬크레 오 자망드를 만든다

- 버터를 1cm 두께로 잘라 상온에 둔다.
- 전란을 풀어둔다.
- 박력분을 두 번 체 친다.
- 슈거파우더와 아몬드 가루를 두 번 체 친다.

당일

- Ⓐ를 합친다.
- 바닐라빈 껍질을 세로로 갈라 씨를 긁어낸다.
- 딸기는 꼭지를 제거하고 세로로 2등분한다.

 오븐 예열은 **190℃**

전날 p.31의 요령으로 파트 쉬크레 오자망드 반죽을 만든다. 이때 소금은 박력분과 함께 넣는다. 냉장고에서 하룻밤 휴지한다.

당일 작업대에 덧가루를 뿌리고 ❶을 냉장고에서 꺼내 두께 3mm가 되게끔 밀대로 민다. 지름 9.5cm 원형틀로 16장을 찍어내고 원형 타르트틀 위에 올려 손가락으로 누르면서 공기가 들어가지 않도록 꼼꼼하게 깐다. 가장자리에서 튀어나온 반죽은 스크래퍼를 이용해 깎아낸다.

오븐팬에 ❷를 일정한 간격을 띄워 올리고 그 위에 유산지를 깐다. 누름돌을 올려 190℃로 예열한 오븐에 넣어 12~15분간 굽는다. 반죽 가장자리가 살짝 노릇해지면 오븐에서 꺼내 누름돌과 유산지를 제거하고 3~4분간 더 굽는다. 틀에서 꺼내 식히고, 오븐 온도를 180℃로 낮춘다.

> 액체 상태인 반죽을 붓기 때문에 포크로 바닥을 찍지 않고 바로 굽습니다.

크렘 브륄레 반죽을 만든다. 볼에 달걀노른자를 넣고 거품기로 푼다. 그래뉴당과 바닐라빈을 넣고 섞는다. Ⓐ를 조금씩 더하면서 거품이 생기지 않도록 천천히 섞고, 거름망에 거른다.

오븐팬을 두 장 겹치고 ❸의 반죽을 원형 타르트틀에 다시 넣어 일정한 간격을 띄워 올린다. ❹를 국자로 80~90% 정도 붓는다.

180℃로 예열한 오븐에 넣어 약 22분간 굽는다. 틀에서 분리해 식힘망에 올려 한 김 식힌 후, 냉장고에 넣어 30분간 차게 식힌다.

> 장갑을 낀 손으로 틀을 조금 흔들었을 때 액체 표면이 살짝 흔들리는 정도면 다 구워진 것입니다. 과하게 구우면 매끄러운 식감이 사라집니다.

p.40의 요령으로 90% 휘핑한 크렘 샹티이 Ⓐ, Ⓑ를 만든다. Ⓐ를 18mm 원형 깍지, Ⓑ를 별 깍지(중)를 끼운 짤주머니에 각각 채운다.

❻을 냉장고에서 꺼내 ❼의 크렘 샹티이 Ⓐ를 종 모양으로 길게 짜다 딸기 5조각을 크림에 기대서 세우듯이 올린다.

나파주에 물을 넣고 끓여서 농도를 조절한다. 붓으로 딸기에 나파주를 바르고 맨 위에 크렘 샹티이 Ⓑ를 짜고 피스타치오를 올려 장식한다.

타르트 오 시트롱

TARTE AU CITRON

지름 8cm의 작은 타르트 12개에 레몬 약 3개 분량의 과즙을 아낌없이 사용해 레몬의 산미와 향을 한껏 살린 과자입니다. 주인공인 레몬의 날카로운 산미를 맛있게 즐기기 위해 크림은 단맛을 살리면서 달걀과 버터로 부드럽게 이어지게 끔 혀 위에서 천천히 녹는, 농후하면서도 부드러운 텍스처로 완성했습니다. 또한 누아제트(헤이즐넛) 풍미의 타르트 반죽이 입안에서 어우러져 한층 더 완성도 있는 맛을 만끽할 수 있습니다. 말린 레몬은 모양과 맛에 악센트를 주기에 물림 없이 먹을 수 있습니다.

커피와의 궁합	약	중	중강	강
	◎	△	△	×

레몬의 산미와 타르트 시트의 누아제트향이 맛의 포인트. 곁들이는 커피는 타르트와 조화를 이루는 향을 지닌 약배전을 추천합니다. 견과류향과 오일감이 있어 목넘김이 좋은 타입이라면 서로 잘 어우러질 거예요. 약배전일 때는 감귤류나 레몬향, 메이플의 달콤한 향이 강하므로 커피와 매칭함으로써 과자의 맛도 깊어집니다. 쓴맛이 강한 커피는 산미와 분리되어 잘 맞지 않습니다.

BACH'S SELECTION

BEST ▶ 약 아이티 뱁티스트   **BETTER** ▶ 약 블루마운틴 No.1
OTHER ▶ 약 브라질 W, 소프트 블렌드

재료(지름 8cm 분리형 파이틀 12개 분량)

파트 쉬크레 오 누아제트

버터(무염)	150g
슈거파우더	63g
전란	50g
박력분	63g
강력분	187g
누아제트 T.P.T*	63g
소금	1g

크렘 시트롱 레제

버터(무염)	225g
전란	150g
그래뉴당	125g
커스터드파우더**	15g
레몬즙	120g
레몬제스트	1개 분량

레몬 장식(수제 건조 레몬)

레몬(슬라이스)	12개
시럽***	적당량
그래뉴당(마무리)	적당량

* 헤이즐넛 가루와 슈거파우더를 1:1 비율로 섞어서 두 번 체 친 것.
** 걸쭉하게 농도를 조절하기 위해 사용한다. 제과재료 전문점에서 구입할 수 있다.
*** 물과 그래뉴당을 1:1로 섞어서 끓인 것.

밑준비

전날 ※ 파트 쉬크레 오 자망드를 만든다
- 버터를 1cm 두께로 잘라 상온에 둔다.
- 전란을 풀어둔다.
- 가루류(박력분과 강력분)를 합쳐 두 번 체 친다.

당일
- 크렘 시트롱 레제용의 전란은 풀어둔다. 버터를 1cm 두께로 자른다.
- 분리형 파이틀에 버터(분량 외)를 얇게 바른다.

 오븐 예열은 **180℃**

전날 파트 쉬크레 오 누아제트 반죽을 p.31의 요령으로 만든다. 이때 크림 상태로 만든 버터에 슈거파우더와 소금, 누아제트 T.P.T, 전란, 가루류 순으로 넣고 섞는다. 냉장고에 넣어 하룻밤 휴지한다. 반죽한 당일 바로 구울 때는 최소 2~3시간 냉장고에 넣어 휴지한다.

당일 ❶을 작업대에 올려 두께 2.5mm가 되게끔 밀대로 밀고, 둥근 그릇 등을 대고 지름 11cm의 원형으로 총 12장을 찍어낸다. 분리형 파이틀에 빈틈이 생기지 않도록 깐 후, 유산지를 깔고 그 위에 누름돌을 올린다. 180℃로 예열한 오븐에 넣고 18~20분간 굽는다. 누름돌과 유산지를 제거하고 틀째 식힘망에 올려 식힌다. 오븐 온도를 90~100℃로 낮춘다.

크렘 시트롱 레제를 만든다. 구리냄비에 전란, 그래뉴당, 커스터드파우더를 넣고 거품기로 잘 섞는다. 레몬즙과 레몬제스트도 넣어 중간 불에 올리고 거품기로 섞으면서 끓인다. 다른 냄비에 버터를 넣어 녹인 후 구리냄비에 조금씩 넣고 섞으며 윤기 있고 매끄러운 농도로 만든다.

> 이 크림은 윤기와 매끄러움이 생명이에요! 녹인 뜨거운 버터를 조금씩 넣으며 거품기로 리듬감 있게 섞어서 분리되지 않게 만들어주세요.

❷의 반죽을 틀째 바트에 올리고 국자로 ❸을 80% 정도 채운다. 냉장고에 넣고 차게 식혀 굳힌다.

레몬장식을 만든다. 오븐팬에 유산지를 깔고 레몬을 적당한 간격을 두고 펼친 후, 붓으로 시럽을 바른다. 90~100℃로 예열한 오븐에 넣어 댐퍼[1]를 연 상태에서 1시간 굽는다. 다시 시럽을 바르고 같은 방법으로 1시간 굽는다.

> 가정용 오븐으로 굽는다면 10~15분에 한 번씩 오븐 문을 열어 증기를 빼줍시다.

❹를 틀에서 꺼내 내열성 도마 위에 올리고 표면에 차망으로 마무리용 그래뉴당을 뿌린다. 알루미늄 포일로 가장자리를 감싸고 토치로 표면을 캐러멜라이징한 후, ❺를 장식한다.

---

[1] 매장용 오븐에는 댐퍼(통풍조절판)가 설치되어 있다. 댐퍼를 열면 습도 조절이 가능하다. - 옮긴이

투르트 파스티스

TOURTE PASTIS

프랑스 미디 피레네 지방의 과자로, 마지막에 슈거파우더를 뿌리면 마치 산맥을 뒤덮은 보드라운 눈처럼 보입니다. 구운 반죽의 맛을 마음껏 맛볼 수 있는 소박한 과자입니다. 재료가 단순한 만큼, 아니스 씨의 스파이시한 향이 감도는 리큐르 '파스티스'의 향과 은은한 바닐라향이 입안에 부드럽게 퍼집니다. 결이 곱고 파스 건조한 식감의 과자라 커피가 있어야만 훨씬 더 맛있게 먹을 수 있습니다.

커피와의 궁합

약	중	중강	강
◎	△	△	×

BACH'S SELECTION

BEST	약	브라질 W
BETTER	약	베트남 아라비카

이 과자의 아니스와 바닐라 향을 잘 살리기 위해서는 가벼운 커피와 매칭하는 것이 좋습니다. 특히 부드럽고 달콤한 향을 지닌 커피는 과자를 부드럽게 감싸주면서 과자의 윤곽을 더욱더 뚜렷하게 만들어줍니다. 온도를 조금 높이면 파스티스의 향이 한층 더 잘 퍼집니다. 한편, 과일 맛과 강한 산미를 지닌 커피 또는 스파이시한 향이 강한 강배전 커피는 과자의 맛과 향을 죽이기 때문에 피하는 편이 좋습니다.

재료(지름 18cm 브리오슈틀 1개 분량)

버터(무염)	75g
생크림(유지방 성분 47%)	12g
생크림(유지방 성분 40%)	13g
바닐라빈	1/2개
그래뉴당	100g
전란	125g

【 가루류 】

┌ T.P.T*	30g
│ 박력분	170g
└ 베이킹파우더	5g
파스티스51	20g
덧가루(강력분)	적당량
슈거파우더(장식용)	적당량

* 아몬드 가루와 슈거파우더를 1:1 비율로 합쳐 두 번 체 친 것. 즉, 각 15g씩 섞으면 된다.

밑준비

당일

- 브리오슈틀은 정제버터**(분량 외)를 바르고 냉장고에 넣어 차게 식힌다.

- 버터를 1cm 두께로 잘라 상온에 둔다.
- 생크림 두 종류는 섞는다.
- 바닐라빈 껍질을 세로로 갈라 씨를 긁어낸다.
- 전란을 풀어둔다.
- 가루류를 합쳐 두 번 체 친다.

** 버터를 약한 불로 천천히 가열해 거품과 찌꺼기를 제거하고 만든 맑은 버터. - 옮긴이

오븐 예열은 **170℃**

1

스탠드 믹서에 비터와 믹서볼을 세팅하고 버터를 넣어 처음에만 잠깐 저속으로 섞다가 곧바로 고속으로 올려 매끄러운 크림 상태로 만든다. 생크림을 넣고 균일하게 섞는다. 중간에 바닐라빈을 넣고 고루 섞는다.

2

그래뉴당을 3회에 나눠 넣으며 섞는다. 믹서를 멈춰 비터를 빼고 스크래퍼로 볼 측면과 비터에 남아 있는 반죽을 긁어낸다. 와이어 휘퍼로 바꿔 전란의 2/3 분량을 넣어 처음에는 저속으로 섞다가 곧바로 고속으로 올려 섞는다.

이 반죽은 믹서볼 측면에 달라붙기 쉬우니 스크래퍼로 긁어내는 것을 잊지 말도록 합시다.

3

가루류를 한 번에 넣고 저속으로 천천히 섞으면서 날가루가 보이지 않게 되면 나머지 전란을 조금씩 넣어가며 고루 섞는다. 믹서볼을 빼내 파스티스를 넣고 고무 주걱으로 균일하게 섞는다.

4

브리오슈틀을 냉장고에서 꺼내 덧가루를 얇게 뿌리고 ❸을 넣는다.

5

팔레트 나이프로 반죽을 틀 중심에서 가장자리로 펴며 가운데가 움푹 들어가게 만든다. 오븐팬에 올려 170℃로 예열한 오븐에 넣어 50~55분간 굽는다. 한 김 식으면 틀에서 꺼내 식힘망 위에 올려 그대로 식힌다.

advice

버터 반죽 중에서는 달걀 비율이 많은 편이라 분리되기 쉬우니, 전란의 2/3 분량을 넣어 고루 섞었다면 가루류를 넣어 섞은 후에 나머지 전란을 넣어주세요. 균일한 상태로 재빨리 섞이게끔 재료 온도는 되도록 비슷하게 만들어놓는 것이 기본입니다. 버터와 달걀은 미리 냉장고에서 꺼내 찬기를 없애고, 달걀은 꼭 풀어서 사용해야 합니다.

불 드 네주

BOULES DE NEIGE

프랑스어로 '눈덩이'를 의미하는 이 과자는 이름처럼 슈거파우더를 뒤집어쓴 모양으로 새하얗고 작으면서 동글동글합니다. 입에 넣으면 보슬보슬 힘없이 부서지고 헤이즐넛과 아몬드의 향이 풍부하게 퍼집니다. 손으로 집어서 그대로 쏙 넣어서 먹을 수 있는 부담 없는 과자입니다. 커피잔에 곁들여 내는 것도 좋습니다.

커피와의 궁합	견과류향과 포슬포슬 부서지는 섬세한 식감을 오롯이 만끽하기 위해 커피는 맛과 농도가 너무 진하지 않은 것이 좋습니다. 따라서 섬세하고 균형이 잘 잡힌 맛과 강한 향을 지닌, 약배전 커피가 잘 어울립니다. 단, 산미가 강한 타입은 어울리지 않습니다. 또한 추출 방법으로 말하자면 농도가 진해지지 않는 사이폰도 잘 어울립니다.

약	중	중강	강
◎	△	△	×

BACH'S SELECTION

BEST ▶ **약** 소프트 블렌드 **BETTER** ▶ **중강** 콜롬비아 **OTHER** ▶ **약** 브라질 W. 사이폰 추출

재료(90개 분량)

반죽

버터(무염)	168g
슈거파우더	70g
박력분	180g
아몬드 가루	92g
껍질이 있는 헤이즐넛 가루*	54g
바닐라에센스	2~3방울
슈거파우더(마무리용)	적당량

* 시판용 가루를 사용해도 되지만, 껍질이 있는 헤이즐넛을 160℃로 예열한 오븐에 넣어 14분간 구운 후, 속껍질을 벗기고 푸드프로세서로 굵게 갈면 훨씬 더 풍미가 좋고 맛있다.

밑준비

전날 ※ 반죽을 만든다
- 버터를 1cm 두께로 잘라 상온에 둔다.
- 박력분과 아몬드 가루를 합쳐 두 번 체친다.

당일
- 슈거파우더를 바트에 적당한 양으로 뿌려둔다.

오븐 예열은 170℃

advice

반죽이 갈색이라 구움색을 확인하기 어려운 편이지만 과자 바닥을 확인하면 잘 구워졌는지 쉽게 확인할 수 있습니다. 사진처럼 먹음직스러운 구움색이 나면 잘 구워진 것입니다.

1

전날 반죽을 만든다. 스탠드 믹서에 비터와 믹서볼을 세팅하고 버터를 넣는다. 처음에만 잠깐 저속으로 섞다가 곧바로 고속으로 올려 섞으면서 매끄러운 크림 상태로 만든다. 저속으로 속도를 낮춘 후, 슈거파우더를 넣어 균일하게 섞고 헤이즐넛 가루를 더해 고루 섞는다. 바닐라에센스도 섞는다.

2

❶의 믹서볼을 빼내고 전날 섞어둔 가루류를 넣어 스크래퍼로 날가루가 보이지 않을 때까지 자르듯이 섞는다. 비닐 위에 올려 접듯이 섞는 작업을 반복해 균일한 상태로 만든다. 밀대로 약 1cm 두께의 직사각형 모양으로 밀고 비닐로 감싸 냉장고에 넣어 휴지한다.

3

당일 ❷를 냉장고에서 꺼내 1개당 6g의 사각형으로 자른다.

4

손바닥으로 재빨리 둥글게 말아서 오븐팬 위에 간격을 두고 올린다.

5

170℃로 예열한 오븐에 넣어 14~15분간 굽고, 과자 바닥에 구움색이 나면 오븐에서 꺼낸다.

6

뜨거울 때 슈거파우더가 담긴 바트에 넣어 골고루 묻힌 후, 손안에서 굴리며 불필요한 슈거파우더를 털어낸다. 취향에 따라 슈거파우더를 한 번 더 뿌리고 그대로 식힌다.

크루아상

CROISSANT

프랑스를 대표하는 비에누아즈리 중 하나입니다. 버터를 듬뿍 넣은 이스트 반죽을 구우면 층이 겹겹이 생겨 부풀어 오르기에 한입 베어 물면 파사삭 경쾌하게 부서지면서 입안에서 버터의 풍미와 함께 사르르 녹습니다. 섬세한 식감과 버터의 단맛, 발효한 향을 오롯이 만끽해보세요. 특히 갓 구웠을 때는 각별합니다. 크루아상은 프랑스어로 '초승달'을 의미합니다. 초승달처럼 양 끝을 구부려서 만드는 타입도 있습니다. 오븐에서 꺼내는 타이밍은 표면의 구움색을 보고 판단하면 됩니다. 바닥이 조금 타더라도 표면을 충분히 구워내고 싶다, 되도록 탄 느낌이 나지 않도록 굽고 싶다, 등등 얼마만큼 구울지는 취향에 따라 조절해주세요. 카페 바흐에서는 구움색을 확실히 내는 것을 선호합니다.

커피와의 궁합

약	중	중강	강
◎	△	△	△

버터의 달콤한 향을 충분히 살리기 위해서는 커피도 마찬가지로 섬세한 향과 맛, 견과류향을 지닌 약배전과 조합하는 것이 좋습니다. 이 약배전 커피와 크루아상을 함께 먹으면 크루아상의 풍미가 한층 더 살아납니다. 단, 떫은맛이 나는 커피는 피하도록 합시다. 참고로 크루아상보다 커피를 즐기는 것이 주된 목적이라면 쓴맛이 강한 커피를 조합해보세요. 에스프레소의 오일감과 매칭하면 버터의 감칠맛이 도드라져 커피 맛이 훨씬 부드러워지고 더 깊어집니다.

BACH'S SELECTION

BEST	약	블루마운틴 No.1
BETTER	강	인디아를 직화식 에스프레소로 추출
OTHER	중	파나마 돈파치 게이샤 내추럴

재료(8개 분량)

【 밀가루 반죽(데트랑프) 】

버터(저수분, 무염)		25g
A 프랑스 밀가루		250g
그래뉴당		25g
소금		5g
인스턴트 드라이 이스트		3.6g
B 물		125g
탈지분유		5g
전란		13g

버터(저수분, 무염, 충전용)	125g
달걀흰자(덧칠용)	30~35g

밑준비

전날 ※ 밀가루 반죽을 만든다

- 버터를 냉장고에 넣어 식혀둔다.
- 프랑스 밀가루를 두 번 체 치고, 그래뉴당과 소금, 인스턴트 드라이 이스트를 넣어 고루 섞는다.
- 탈지분유를 분량의 물 중 소량으로 섞어 녹인 후 다시 물과 합친다. 전란을 풀어 섞는다.

당일

- 충전용 버터를 냉장고에 넣어 차게 식힌다.
- 덧칠용 달걀흰자를 풀어둔다.

 오븐 예열은 **210℃**

전날 p.37 ❶~❺의 요령으로 밀가루 반죽(데트랑프)을 만든다. 이때, 소금물 대신 탈지분유와 전란을 푼 물을 사용한다. 비닐로 감싸 냉장고에 넣어 15~18시간 동안 1차 발효한다.

당일 p.37 ❻~p.38 ⑱의 요령으로 냉장고에서 꺼낸 ❶과 충전용 버터로 3절접기를 1회 진행한다. 비닐로 감싸 냉동고에 넣어 30분간 차게 식힌다. 같은 방법으로 2회 반복하고 3회째의 마지막 단계에서 비닐로 감싸 냉장고에 넣어 60분간 휴지한다.

❷를 밀대로 45cm×17cm 크기가 되도록 민다. 비닐을 덮고 냉장고에 넣어 30분간 휴지한다. 냉장고에서 꺼내 작업대에 가로로 놓고, 밑변이 10cm인 이등변삼각형이 되도록 8조각으로 자른다.

삼각형이 서로 엇갈리도록 자릅니다.

❸을 역삼각형으로 놓고 밑변을 손바닥으로 누르면서 꼭짓점을 앞쪽으로 잡아당겨 4~5cm 정도 늘인다.

밑변을 약 1cm 정도 앞으로 접고 손가락으로 눌러서 꼭꼭 여민다.

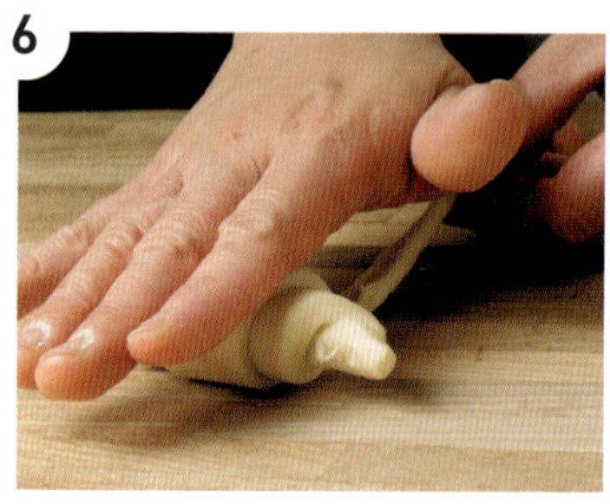

여민 곳에 손바닥을 대고 꼭짓점을 다른 손으로 당기면서 앞으로 돌돌 만다.

다 말면 손가락으로 꼬집어 여민다.

❼을 발효기(온도 28~30℃, 습도 70%)나 오븐의 발효 기능을 이용해 60~70분간 발효한다.

발효하면 부풀어서 반죽 단면이 동그스름한 상태가 됩니다.

표면에 솔로 덧칠용 달걀을 바른 다음, 210℃로 예열한 오븐에 넣어 15~18분간 굽는다. 다 구워지면 오븐에서 꺼내 식힘망 위에 올려 식힌다.

제 3 장

중배전과 잘 어울리는 과자

애플파이

APPLE PIE

사과가 나오는 계절인 가을부터 겨울까지만 즐길 수 있는 고전 과자입니다. 파이 과자다운 깊은 맛과 사과의 신선한 감칠맛 등이 일체화된 아주 매력적인 맛입니다. 일반적으로는 사과를 얇게 썰어 구워내는데, 바흐의 레시피는 조금 독특하게 사과를 4등분한 후 이 다이나믹한 모양 그대로 반죽에 감싸 구워냅니다. 파이 시트의 고소함, 사과, 시나몬 풍미의 크렘 다망드, 피칸 등 각각의 맛이 잘 살아 있는, 감칠맛이 가득한 '맛있는 파이'를 목표로 삼고 있습니다.

재료(지름 20cm 파이틀 1개 분량)

푀이타주 라피드

버터(저수분, 무염)	200g
강력분	125g
박력분	125g
차가운 물	125g
소금	4g
덧가루(강력분)	적당량

크렘 다망드(1개 분량)

버터(무염)	55g
전란	55g
슈거파우더	55g
박력분	12g
아몬드 가루	55g
시나몬파우더	6g

사과절임

사과(가능하면 홍옥)	3~4개
그래뉴당	25g
꿀	25g
레몬즙	13g
시나몬파우더	적당량
바닐라빈	1/4개

피칸 캐러멜리제

피칸	60g
그래뉴당	15g
꿀	45g
물	30g

달걀노른자(덧칠용)*	1개 분량

***** 달걀노른자를 4배 분량의 물에 푼다.

밑준비

- 푀이타주 라피드용 버터는 약 2cm 크기로 깍둑썰기하고 냉장고에 넣어 차게 식힌다. 강력분과 박력분을 합쳐 두 번 체 치고 냉장고에 넣어 차게 식힌다. 차가운 물에 소금을 넣어 녹인다.
- 크렘 다망드용 버터는 상온에 둔다. 전란은 풀어둔다. 박력분, 아몬드 가루, 시나몬파우더를 합쳐 두 번 체 친다.
- 파이틀 1개에 쇼트닝(분량 외)을 바른다.
- 피칸 캐러멜리제를 만든다. 냄비에 그래뉴당, 꿀, 물을 넣고 끓이다가 피칸을 넣고 4~5분간 끓인다. 체에 걸러 시럽을 걸러낸다. 유산지를 깐 오븐팬 위에 피칸을 펼치고 180℃로 예열한 오븐에 넣어 약 10분간 구운 후, 오븐에서 꺼내 그대로 식힌다.

 오븐 예열은 **190℃**

1

p.39의 요령으로 푀이타주 라피드를 만든다. 마지막 3절접기가 끝나면 냉장고에 넣어 60분간 휴지한다.

2

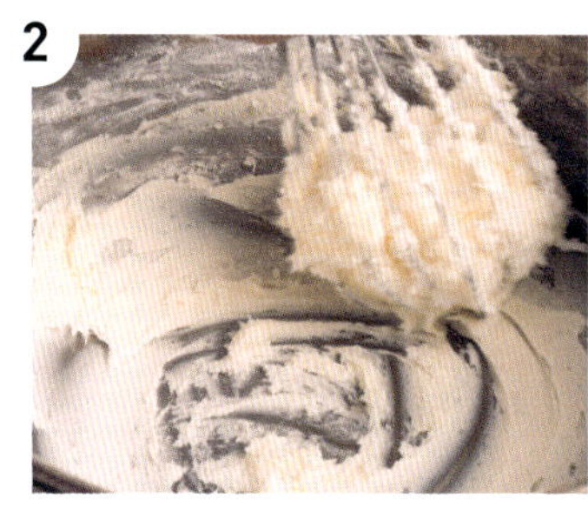

p.43 ❶~❸의 요령으로 크렘 다망드를 만든다. 냉장고에 넣어 2~3시간 휴지한 후, 12mm 원형 깍지를 낀 짤주머니에 채운다.

3

오븐팬에 유산지를 깔고 분리형 파이틀(지름 15cm×높이 2cm)에 ❷를 소용돌이 모양으로 짜고 스크래퍼로 표면을 평평하게 다듬는다. 피칸 캐러멜리제를 올린다. 190℃로 예열한 오븐에 넣어 15분간 굽고, 식힘망 위에 올려 그대로 식힌다.

4

작업대에 덧가루를 뿌리고 ❶을 냉장고에서 꺼내 작업대 위에 올린다. 우선 1/4을 자른다.

> 가장자리와 장식용 나뭇잎용 반죽으로 사용합니다.

5

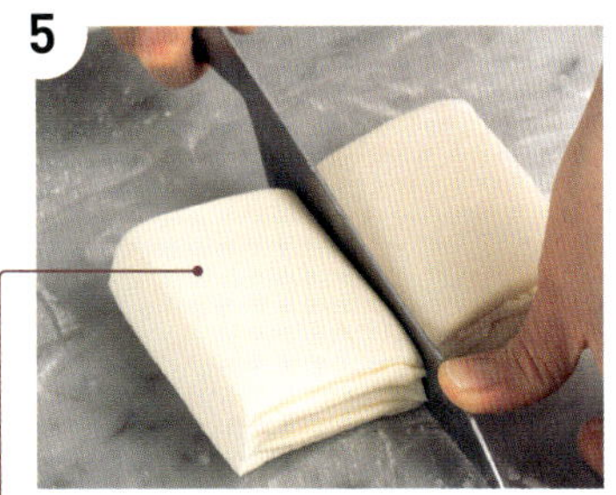

❶의 나머지 3/4을 6:4 비율로 자른다.

> 큰 쪽을 파이 덮개용으로 사용합니다. 덮개용 반죽은 아무래도 덮는 만큼, 바닥용 반죽보다 면적이 커야 합니다.

6

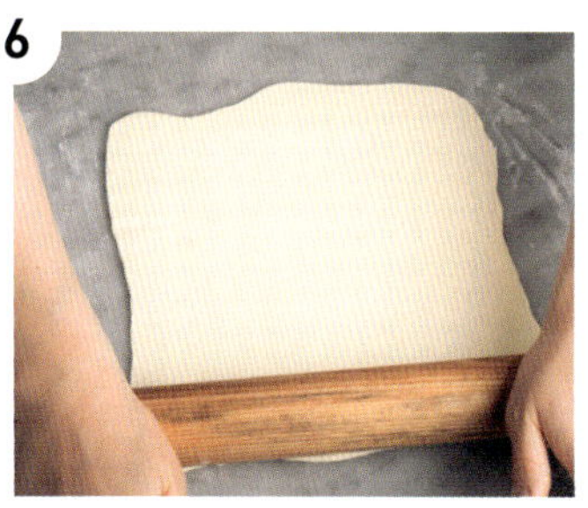

작업대에 덧가루를 뿌리고 ❺의 덮개용 반죽을 25cm(가로)×25cm(세로)×3~4mm(두께)로 민다. 바닥용 반죽은 20cm(가로)×20cm(세로)×3~4mm(두께)로 민다. ❹는 25cm×12cm로 민다. 각각 비닐로 감싸 냉장고에 넣어 30분간 휴지한다.

➡ p.64로 이어짐

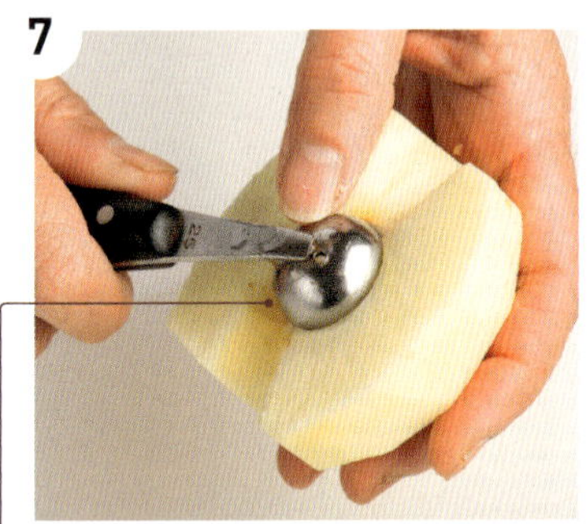

사과는 껍질을 깎아 세로로 2등분하고 씨를 제거한다. 씨 제거기를 과육과 심 경계에 눌러서 넣는다. 일단 씨 제거기를 빼고 반대쪽도 같은 방법으로 과육과 심 경계에 눌러서 넣어 심을 제거한다. 한 번 더 2등분해서 총 4등분 상태로 만든다.

> 사과 심은 납작하기 때문에 한 번에 제거하려고 하면 깔끔하게 제거할 수 없습니다.

❼을 볼에 넣고 그래뉴당, 꿀, 레몬즙을 뿌려 60분간 그대로 둔다. 수분이 나오면 구리냄비에 넣어 시나몬파우더, 바닐라빈을 더해 끓이고 사과 과육이 살짝 투명해질 때까지 젓는다. 채반에 올려 물기를 빼고 식힌다.

작업대에 ❻의 가장자리와 장식용 반죽을 펼쳐 부엌칼로 1.5cm 너비의 끈 모양이 되도록 3개를 잘라낸다. 나머지는 나뭇잎 쿠키틀로 8장을 찍어내고 나뭇잎처럼 보이도록 잎맥을 그린다. 오븐을 210℃로 예열한다.

파이틀에 ❻의 바닥용 반죽을 올려 손가락으로 누르며 빈틈없이 깐다.

❸을 틀에서 꺼내 ❿에 올리고 반죽 가장자리에 붓으로 물을 바른다.

❽을 사과 등이 바깥으로 가게 가로로 나열하고 가운데도 사과로 채운다.

나머지 사과를 겹쳐 올려 돔 모양으로 만든다.

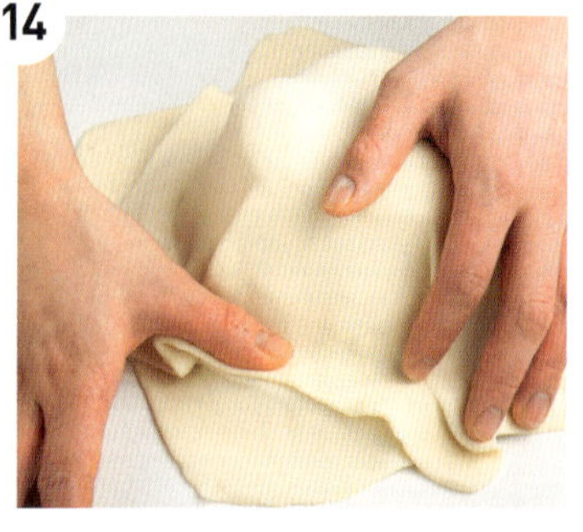

❻의 덮개용 반죽을 바닥용 반죽과 45° 어긋나게 돌려 사과를 덮는다. 주름진 부분을 손가락으로 펴주고 가장자리를 세게 눌러 위아래 반죽을 꼼꼼하게 붙인다.

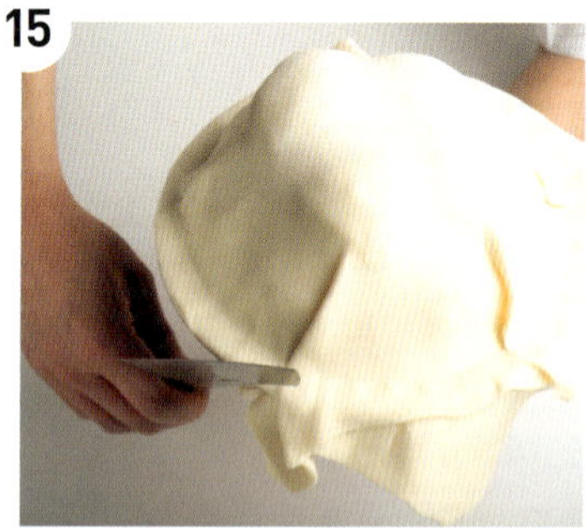

파이틀 가장자리를 따라 칼등을 대고 불필요한 반죽을 잘라낸다.

16

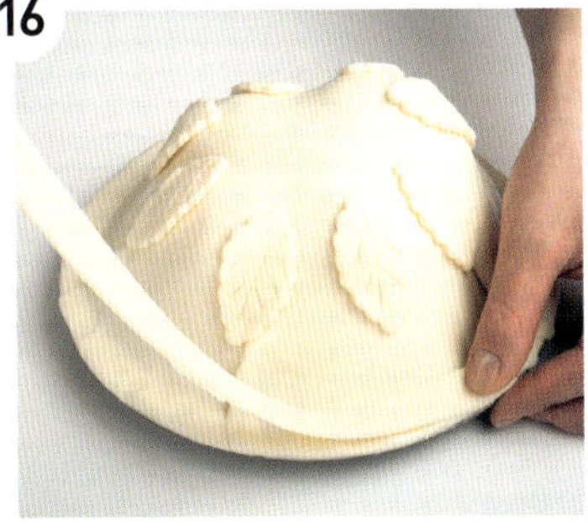

솔에 물을 묻혀 표면 전체에 바른다. ❾의 나뭇잎 모양 반죽을 일정한 간격을 띄우면서 세로로 붙인다. 가장자리를 따라 끈 모양 반죽을 붙인다.

17

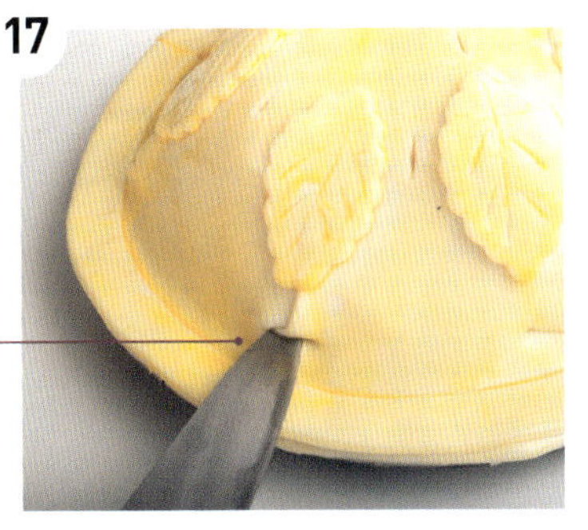

덧칠용 달걀액을 표면 전체에 바르고 나뭇잎 반죽 사이와 밑부분에 칼끝으로 칼집을 넣는다.

이렇게 낸 칼집을 통해 증기가 빠져나갈 수 있습니다.

18

210℃로 예열한 오븐에 넣어 50분간 굽는다. 구움색이 균일하게 나도록 중간에 방향을 돌려 굽는다. 다 구워지면 파이틀에서 꺼내 식힘망 위에 올려 식힌다.

advice

애플파이가 잘 구워졌는지 확인하려면 파이 반죽 가장자리 상태를 보면 됩니다. 사진처럼 반죽 층이 제대로 부풀어 올랐다면 잘 구워진 것입니다. 반죽에 열이 잘 전해졌다는 증거이지요. 또한 덮개용 반죽과 바닥용 반죽의 이음매에는 달걀액을 바르지 않아야 합니다. 반죽 층이 달라붙어서 가열해도 부풀어 오르지 않게 되기 때문입니다.

애플파이를 잘 자르는 법

1

애플파이는 모양이 부서지기 쉬워서 보기 좋게 자르는 것이 생각보다 어렵기에 빵칼을 사용하는 게 포인트입니다. 그리고 사과가 모여 있는 윗부분은 칼을 앞뒤로 조금씩 움직이면서 가장자리까지 자릅니다.

2

그다음 칼등에 엄지손가락을 올리고 칼에 체중을 실어 수직으로 누르듯 자릅니다.

3

칼날이 바닥에 닿으면 그대로 일직선이 되게 당기듯이 자릅니다.

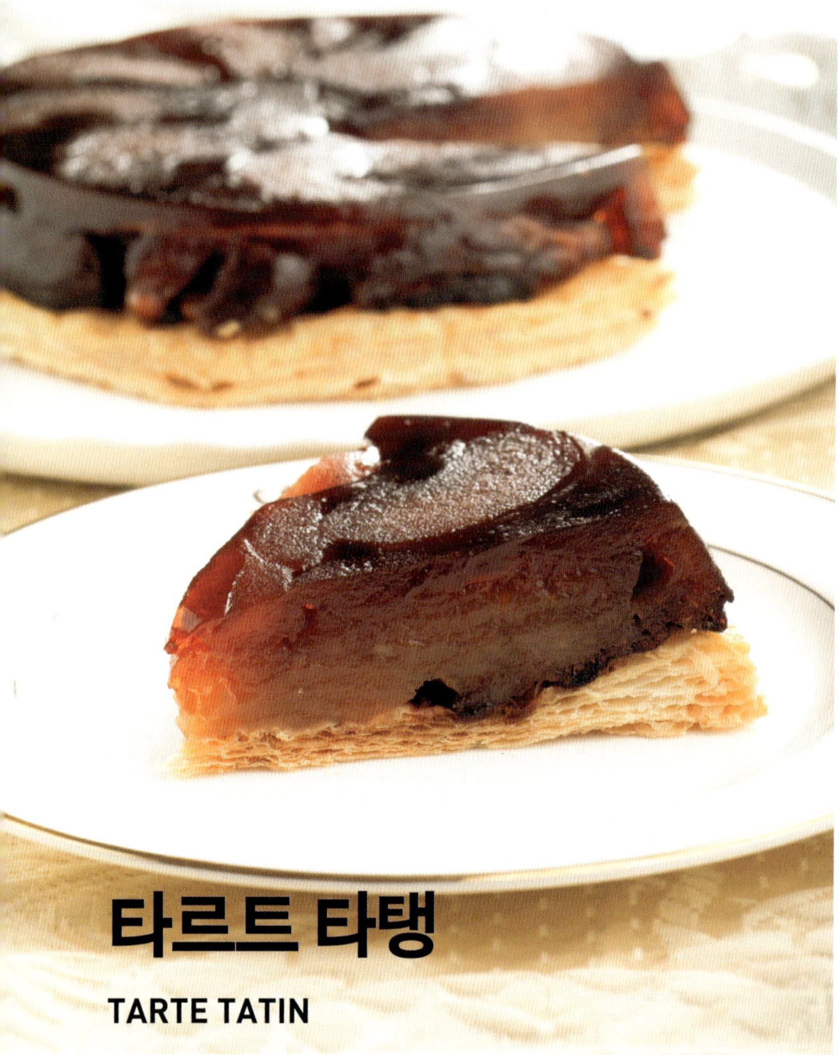

타르트 타탱

TARTE TATIN

충분히 구워져 투명감이 감도는 갈색 사탕 같은 사과와 파삭한 파이 시트가 겹쳐진, 그야말로 위풍당당한 모습의 과자입니다. 돔 모양으로 쌓아 올린 풍성한 사과를 2시간 이상 가열하고 절반 정도로 줄어들 때까지 천천히 구워내 단맛과 산미, 캐러멜의 고소함, 끈적하게 녹는 젤리 같은 펙틴을 끌어냅니다. 그리고 마지막에 포갠 고소한 파이 시트의 버터 풍미가 날카로운 사과 맛을 부드럽게 완화해주는 역할을 합니다. 이 타르트 타탱은 사과의 펙틴이 풍부해, 식으면 사과끼리 달라붙습니다. 자를 때마다 칼을 뜨거운 물로 살짝 데우면 단면을 깔끔하게 자를 수 있습니다.

재료(지름 18cm 망케틀 1개 분량)

사과(가능하면 홍옥)	900g
그래뉴당 **A**	70g
그래뉴당 **B**	120g
버터(무염)	15g

파트 푀이테
(만들기 쉬운 분량. 지름 21cm 1장, 300g을 사용)

【 밀가루 반죽 】

버터(저수분, 무염)	50g
강력분	250g
박력분	250g
차가운 물	250g
소금	10g

버터(저수분, 무염, 충전용)	400g
덧가루(강력분)	적당량

밑준비

전날 ※ 파트 푀이테를 만든다
- 버터는 모두 냉장고에 넣어 차게 식힌다.
- 가루류(박력분과 강력분)를 합쳐 두 번 체 친다.
- 차가운 물에 소금을 넣어 녹인다.

 오븐 예열은 **190℃**

1

전날 파트 푀이테를 만든다. p.37~38의 요령으로 반죽하고 **냉장고에 넣어 하룻밤 휴지**한다.

당일 바로 굽는다면 마지막 접기 작업이 끝난 후 냉장고에서 60분간 휴지합시다.

2

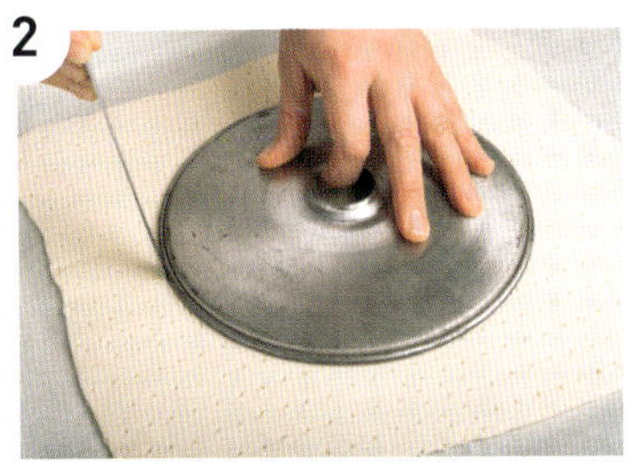

당일 작업대에 덧가루를 뿌리고 ❶을 냉장고에서 꺼내 300g을 잘라낸다. 밀대로 3mm 두께로 민다. 파이롤러로 반죽 전체에 구멍을 낸다. 그릇 등을 대고 칼끝으로 지름 21cm의 원형으로 잘라낸다. 오븐팬에 올리고 190℃로 예열한 오븐에 넣어 25~30분간 굽고 그대로 식힌다.

3

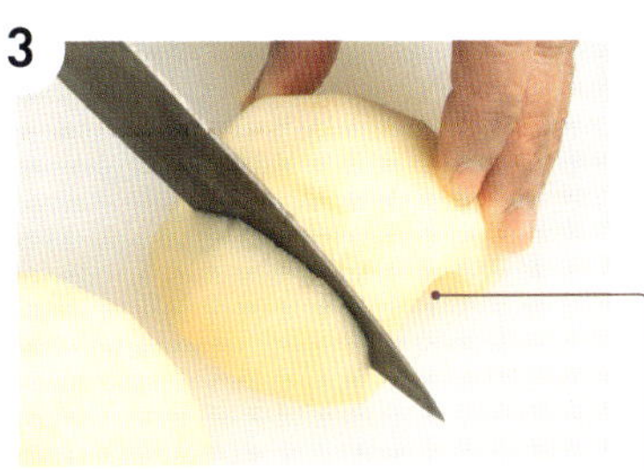

사과 껍질을 깎고 세로로 2등분한 후, 씨 제거기로 심을 제거한다. 나무 도마에 사과 겉면이 위를, 사과 바닥 쪽이 아래를 향하게 두고 오른쪽에서 1/4 정도 잘라내 큰 사과와 작은 사과를 만든다.

p.64 ❼을 참조해서 심을 남김없이 제거해주세요.

4

망케틀을 중간 불에 올려 그래뉴당 **A**를 3~4회에 나눠 넣고 나무 주걱으로 섞으면서 가열해 캐러멜을 만든다. 섞을 때 바닥이 보이게 되면 불을 끄고 젖은 행주에 올려 식힌다.

5

❹ 위에 버터를 손으로 찢어 올린다.

그래뉴당은 처음에는 소량만 넣읍시다. 향이 짙어지고 갈색으로 변하면서 연기가 나면 추가로 넣고, 서서히 양을 늘리세요.

6

❸의 큰 사과를 방사형으로 보기 좋게 나열한다. 가운데와 빈틈 사이에는 작은 사과를 적절히 잘라 꼼꼼히 채운다. 그래뉴당 **B**의 절반 분량을 뿌린다. 나머지 사과를 2단으로 쌓고, 남은 그래뉴당을 뿌린다.

7

유산지를 망케틀보다 조금 더 크게 잘라 구겨서 돔 모양에 맞춰 덮는다. 190~220℃로 예열한 오븐에 넣어 150분간 굽는다.

8

오븐에서 틀을 꺼내 덮어두었던 유산지를 벗기고 식힘망에 올려 한 김 식힌다. 오븐 온도를 180℃로 낮춘다.

9

❷의 윗면이 아래로 가게 해서 ❽을 덮어 세게 누른다. 180℃로 예열한 오븐에 넣어 약 5분간 가열해 밀착시킨 후, 오븐에서 꺼내 한 김 식히고 냉장고에 넣어 차게 식힌다. 틀 바닥을 토치로 가열해 펙틴을 녹이고, 틀 위에 작업판을 덮은 채로 뒤집어서 틀에서 빼낸다. 냉장고에 넣어 차게 식혀 굳힌다.

코코 패션

COCO-PASSION

열대지방을 연상케 하는 재료로 만든 이 과자는 입에 넣으면 새콤한 패션프루트와 화려한 코코넛의 향이 가득 퍼졌다가 아몬드향의 비스퀴 조콩드가 전체적인 맛을 잡아줍니다. 청량감 넘치는 이 과자는 초여름부터 한여름까지 먹기 딱 좋습니다. 디자인의 포인트가 되는 투명감 있는 선명한 노란빛이 열대 분위기를 자아냅니다. 일본의 프랑스 요리 연구가이자 츠지조리학교의 설립자인 츠지 시즈오 씨가 생전에 좋아했으며, 카페 바흐가 커피를 담당했던 2000년 오키나와 정상회담에서 각국 정상에게 대접한 과자이기도 합니다.

재료
(지름 6.5cm, 높이 4cm의 세르클틀 12개 분량)

비스퀴 조콩드
(37cm×52cm 오븐팬 1장 분량)

전란	170g

【T.P.T】

┌ 슈거파우더	125g
└ 아몬드 가루	125g
박력분	30g

【머랭】

┌ 달걀흰자	120g
└ 그래뉴당	50g
버터(무염)	13g

코코넛 블랑망제

우유	200g
그래뉴당	70g
코코넛파인	50g
판 젤라틴	6g
키르슈바서	3g
생크림(유지방 성분 47%)	100g

패션프루트 무스

패션프루트 퓌레 A (무가당)	100g
달걀노른자	40g
그래뉴당	20g
탈지분유	10g
판 젤라틴	3g

【이탈리안 머랭】(만들기 쉬운 분량. 60g 사용)

달걀흰자	90g
그래뉴당	160g
물	50g
생크림(유지방 성분 40%)	200g
나파주*	100g
물	30g
패션프루트 퓌레 B (무가당)	1큰술

* 과일에 윤기를 내기 위해 코팅하듯 사용한
  다. 제과재료점에서 구할 수 있다.

밑준비

- 오븐팬에 유산지를 깐다.
- 비스퀴 조콩드의 전란을 풀어둔다. 아
  몬드 가루와 슈거파우더를 합쳐 두 번
  체 친다. 박력분을 두 번 체 친다. 버터
  를 1cm 크기로 깍둑썰고 중탕(60℃)으
  로 녹인다.

 오븐 예열은 **200℃**

만드는 법

1 p.29의 요령으로 비스퀴 조콩드 반
죽을 만든다. 37cm×52cm 크기의
오븐팬에 반죽을 붓고 200℃로 예
열한 오븐에 넣어 12분간 굽는다. 그
대로 식힌다.

2 지름 5cm의 원형틀로 12장을 찍어
내고 남은 반죽을 2.5cm(너비)×
18.5cm(길이)의 띠 모양으로 12개
자른다. 세르클틀 바닥에 원형 반죽
을 구움색이 위로 가게 넣고, 옆면에
띠 모양 반죽을 구움색이 안쪽으로
향하게 꼼꼼하게 고정한 후, 바트에
나열한다.

3 코코넛 블랑망제용의 판 젤라틴을
얼음물에 담가 불린다. 냄비에 우유
를 넣어 가열하고 끓기 직전에 코코
넛파인을 넣어서 고무 주걱으로 섞
는다. 끓어오르면 불을 끄고 뚜껑을
덮어 10분간 그대로 둔다. 거름망에
면보를 깔고 코코넛액을 거른 뒤 꾹
눌러서 남김없이 짠다. 그래뉴당을
넣고 판 젤라틴의 물기를 짜서 넣은
후, 고무 주걱으로 천천히 저어서 녹
인다. 볼을 얼음물 위에 올려 섞으면
서 식히고, 키르슈바서를 넣는다.

4 다른 볼을 얼음물 위에 올리고 코코
넛 블랑망제용 생크림을 50% 휘핑
한다. ❸이 굳기 시작하면 생크림을
2회에 나눠 넣고 천천히 섞는다. 국
자로 ❷의 반죽 높이까지 부은 다음
냉장고에 넣고 20분간 차게 식혀
굳힌다.

5 패션프루트 무스용 판 젤라틴을 얼
음물에 담가 불린다. 볼에 달걀노른
자를 넣어 풀고, 그래뉴당과 탈지분
유를 넣어 거품기로 색이 밝아질 때
까지 고루 섞고, 패션프루트 퓌레 A
를 넣어 섞는다. 구리냄비에 옮겨 담
고 중간 불에 올려 묵직해질 때까지
고무 주걱으로 저어가며 끓인다. 다
시 볼에 옮겨 담고 물기를 짠 판 젤
라틴을 넣어 섞은 다음, 얼음물 위에
올려 휘저으면서 식힌다.

6 p.44의 요령으로 이탈리안 머랭
을 만든다. 생크림을 담은 볼을 얼음
물 위에 올리고 90%로 휘핑한다.
이탈리안 머랭을 ❺에 2회로 나눠
넣으며 거품기로 섞는다. 90%로 휘
핑한 생크림을 2회로 나눠 넣으며
20mm 원형 깍지를 낀 짤주머니에
채운다.

7 ❻을 ❹에 짜고 표면을 팔레트 나이
프로 평평하게 다듬는다. 냉장고에
넣고 60분간 차게 식혀 굳힌다.

8 작은 냄비에 나파주와 물을 넣어 섞
으면서 약한 불로 녹이고, 패션프루
트 퓌레 B를 넣어 농도를 조절한
다. 스푼으로 떠서 ❼의 표면에 부
은 후, 팔레트 나이프로 가장자리를
다듬는다. 냉장고에 넣어 약 10분간
차게 식힌다. 토치로 세르클틀 바깥
쪽을 데워 틀에서 분리하고, 뒤집은
바트 위에 코코 패션을 얹어 냉장고
에 넣고 차게 식힌다.

advice

완전히 차게 식히고 먹어야 더 맛있습니다. 적정 온도는 2~5℃이므로 가정에서는 냉
동실에 넣어 얼지 않을 정도로 잠깐 식혀 먹어도 좋습니다. 단, 깜빡해서 깡깡 얼려버
리지 않도록 주의하세요.

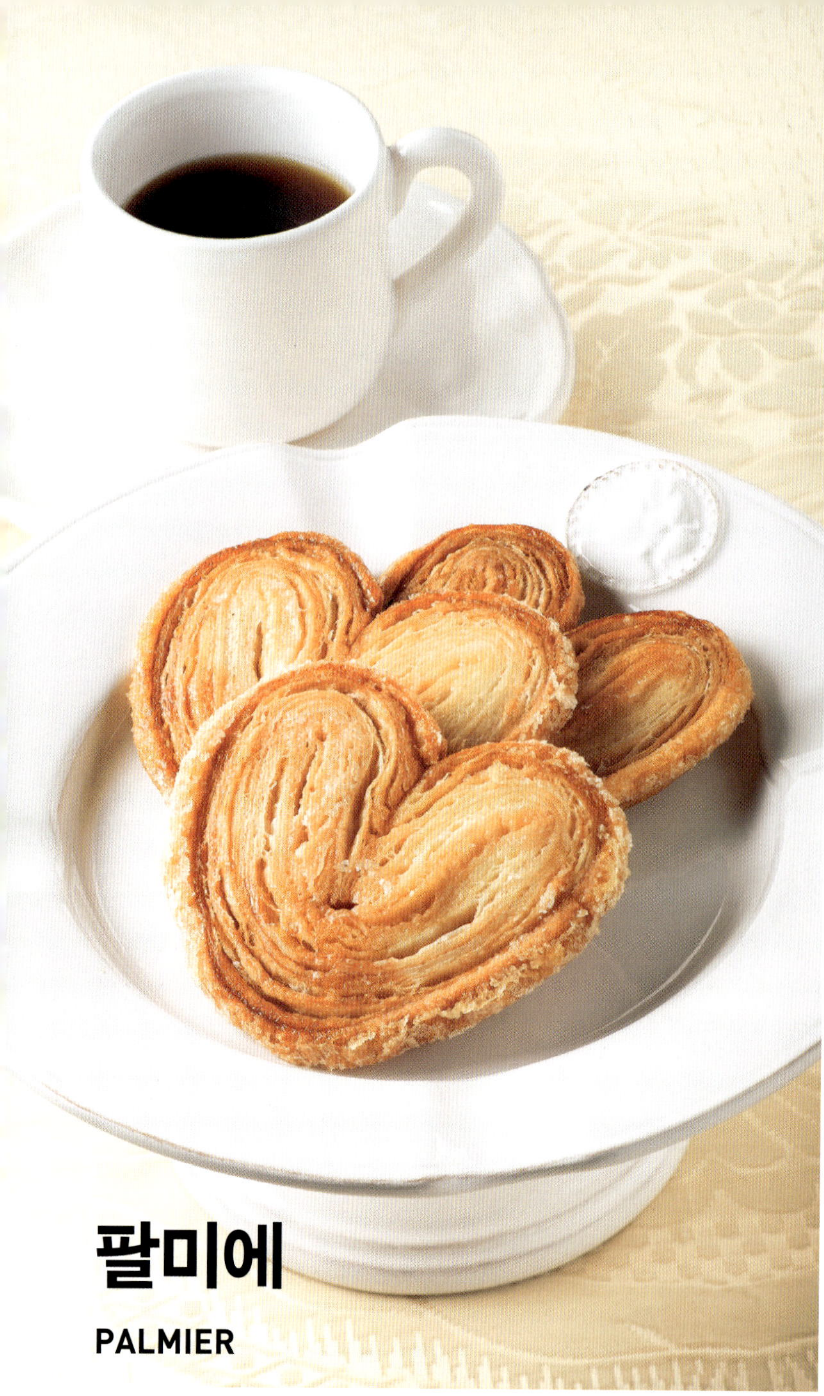

팔미에

PALMIER

하트 같은 모양이 귀여운 심플한 파이 과자입니다. 접기형 파이 반죽 층을 잘라서 만들어지는 바삭바삭한 즐거운 식감, 그리고 충분히 구운 고소함은 절로 커피를 찾게 만드는 전형적인 과자입니다. 듬뿍 뿌린 그래뉴당의 오돌토돌함과 버터의 풍성한 풍미도 입안 가득 퍼집니다. 눅눅해지기 쉬우며, 습기를 머금으면 바삭한 특징이 사라집니다. 구운 후 식으면 곧바로 밀폐 용기에 넣거나, 식품용 건조재와 함께 밀봉하는 것이 철칙입니다.

재료(32개 분량)

파트 푀이테

【 밀가루 반죽 】

버터(저수분, 무염)	25g
강력분	125g
박력분	125g
차가운 물	125g
소금	5g

버터(저수분, 무염, 충전용)	200g
덧가루(강력분)	적당량
그래뉴당 A	100g
그래뉴당 B	100g

밑준비

- 버터는 모두 냉장고에 넣어 차게 식힌다.
- 강력분과 박력분을 합쳐 두 번 체 치고, 냉장고에 넣어 차게 식힌다.
- 차가운 물에 소금을 넣어 녹인다.

 오븐 예열은 190℃

1

파트 푀이테를 만든다. p.37~38의 요령으로 3절접기를 2세트 진행한다. 냉장고에 넣어 60분간 차게 식힌다.

파트 푀이테는 보통 굽기 전날 미리 만들어 두는 편이지만 팔미에는 예외적으로, 층이 부풀기 쉽도록 당일에 바로 만듭니다.

2

작업대에 유산지를 깔고 그래뉴당 **A**의 절반 분량을 넓게 뿌린 다음, **❶**을 올려 나머지 그래뉴당 **A**를 뿌린다. 반죽 위에 밀대를 올려 밀면서 그래뉴당이 박히게 한다.

그래뉴당은 남아도 상관없습니다.

3

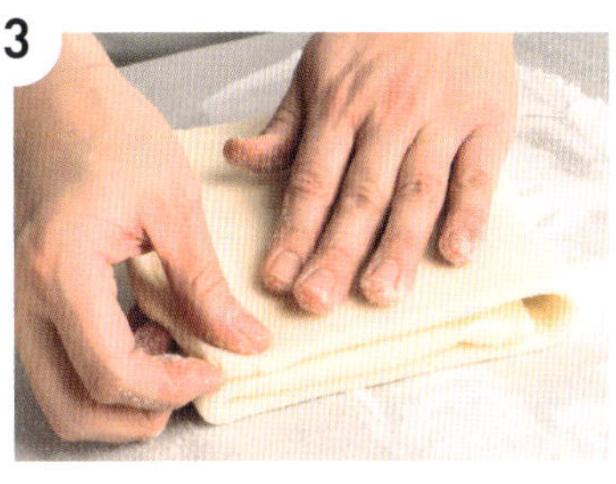

p.38 **⓬**~**⓰**의 요령으로 3절접기를 1세트 진행한 후, 바트에 담아 비닐을 덮고 냉장고에 넣어 30분간 휴지한다.

4

유산지 위에 그래뉴당 **B**의 절반 분량을 넓게 뿌린다. **❸**의 접은 부분이 가로로 향하도록 두고 나머지 그래뉴당 **B**를 뿌린다. 밀대를 밀면서 그래뉴당이 박히게 하고 가로 40cm×세로 30cm 크기로 두께가 고르게 민 다음, 냉동실에 넣어 5분간 휴지한다.

5

❹를 냉동실에서 꺼내 가로로 길게 놓고 가운데 선을 향해 아래쪽 반죽을 반으로 접는다(위 사진). 위쪽 반죽도 가운데 선을 향해 반으로 접는다(아래 사진).

6

가운데 선에서 접어 포갠다. 밀대로 눌러 밀착시키고 냉동실에서 10분간 휴지한다.

반죽과 반죽은 확실하게 밀착시킵시다. 제대로 붙어 있지 않으면 구워지면서 틈이 생깁니다.

7

칼로 1.25cm 너비가 되게끔 잘라 32등분을 만든다.

8

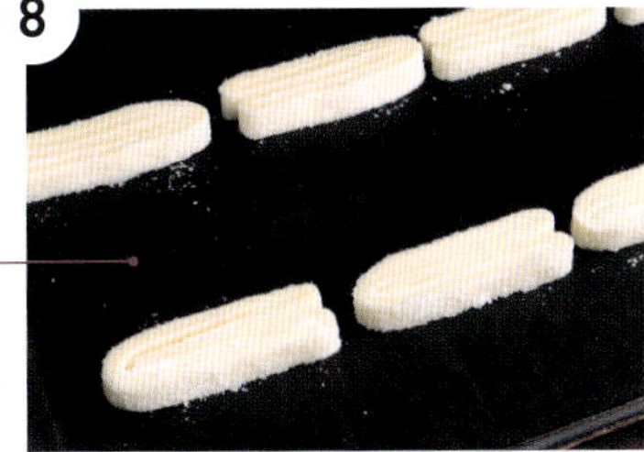

오븐팬에 **❼**의 단면이 위로 향하게 나열한다. 이때, 적당히 간격을 띄우고 반죽 방향은 줄마다 반대로 바꾼다.

반죽은 좌우로 부풀면서 하트 모양이 되기 때문에 간격을 띄우지 않으면 서로 달라붙습니다.

9

❽을 댐퍼를 연 190℃로 예열한 오븐에 넣어 12분간 굽는다. 구워지는 정도를 보면서 방향을 바꾼다. 계속해서 12~18분간 구워 구움색을 균일하게 만든다. 식힘망에 올려 그대로 식힌다.

매우 뜨거우므로 반드시 오븐 장갑을 끼고 작업합시다.

약	중	중강	강
✕	◎	◎	△

빵처럼 건조한 텍스처를 먹을 때는 아무래도 커피를 마실 때 한 번에 듬뿍 마시고 싶어집니다. 브리오슈는 발효빵다운 향, 버터와 달걀노른자의 감칠맛이 풍부하기 때문에 깊은 맛이 있는 중배전 커피가 아니면 어딘지 부족한 느낌이 듭니다. 또는 개성이 강한 커피와 매칭하면 맛에 강약이 생겨서 또 다른 단맛이 느껴집니다. 깔끔한 발효향이 있는 커피라면 빵의 감칠맛을 강조해주지요. 식사빵으로 먹는다면 균형이 잘 잡힌 중강배전 블랜드를 추천합니다. 감칠맛과 태운 캐러멜향이 달콤한 빵과 찰떡궁합이랍니다.

BACH'S SELECTION

BEST	중	파나마 돈파치 게이샤 W
BETTER	중강	바흐 블렌드
OTHER	중	예멘 모카 마타리

브리오슈

BRIOCHE

버터와 달걀노른자를 듬뿍 넣어 만드는 농후한 빵은 충분히 구워진 겉부분이 쌉쌀하면서도 고소하고, 손으로 반을 가르면 마치 실처럼 반죽이 주욱 늘어나면서 버터 풍미와 발효향이 그윽하게 퍼집니다. 식감이 아주 가볍고 맛도 부드러워서 주식은 물론 커피 타임에 간식으로 곁들여도 잘 어울립니다. 봉긋 솟아오른 브리오슈 특유의 공 모양을 '테트(tête)'라고 하는데 수녀가 앉아서 기도하는 모습을 표현한 것이라고도 합니다.

재료(브리오슈틀 13개 분량)

반죽

버터(무염)	125g

A
프랑스 밀가루	250g
그래뉴당	25g
소금	5g
인스턴트 드라이 이스트	4g

B
| 물 | 138g |
| 탈지분유 | 10g |

달걀노른자	50g
덧가루(강력분)	적당량
달걀노른자(덧칠용)	적당량

밑준비

전날 ※ 반죽을 만든다
- 버터는 냉장고에 넣어 차게 식힌다. 사용하기 직전에 밀대로 두드려 부드럽게 만든다.
- 프랑스 밀가루를 두 번 체 친다.
- 탈지분유를 분량의 물 중 소량으로 섞어 녹인 후 다시 물과 합친다. 달걀노른자를 풀어 섞는다.

당일
- 브리오슈틀에 버터(분량 외)를 얇게 바르고 냉장고에 넣어둔다.

 오븐 예열은 **210℃**

전날 믹서볼에 **A**를 넣고 섞는다. 달걀 노른자를 섞은 **B**를 넣고 잘 섞는다. 스탠드 믹서에 후크와 믹서볼을 세팅하고 저속으로 8분 섞은 후, 버터를 잘라 넣으면서 저속 2분, 중속 6분, 고속 2분, 중속 2분을 기준으로 삼고 고루 섞는다.

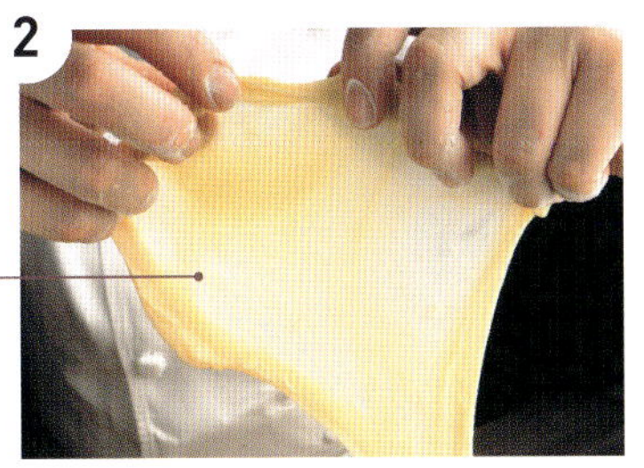

충분히 섞어 탄력과 윤기가 있는 상태로 만든다.

잘 섞였다면 글루텐이 형성되어 탄력이 생기기 때문에 반죽을 늘였을 때 찢어지지 않고 반죽 너머가 보일 정도로 얇게 늘릴 수 있습니다.

❷를 볼에 담고 비닐을 덮어 상온에서 60분간 1차 발효한다. 1차 발효가 끝나면 봉긋하게 부풀어 오른다.

작업대에 덧가루를 뿌려 ❸을 올리고 밀대를 가볍게 굴려 가스를 뺀다. 대강 평평한 형태로 정리해 바트에 올리고 비닐을 덮은 후 냉장고에 넣어 15~18시간 2차 발효한다(사진은 2차 발효가 끝난 상태).

당일 ❹를 냉장고에서 꺼내 손으로 접어서 반죽 상태를 고르게 만든다. 스크래퍼로 13등분한다(1개당 약 45g). 바트에 간격을 두고 올리고 상온에서 20분 그대로 둔다.

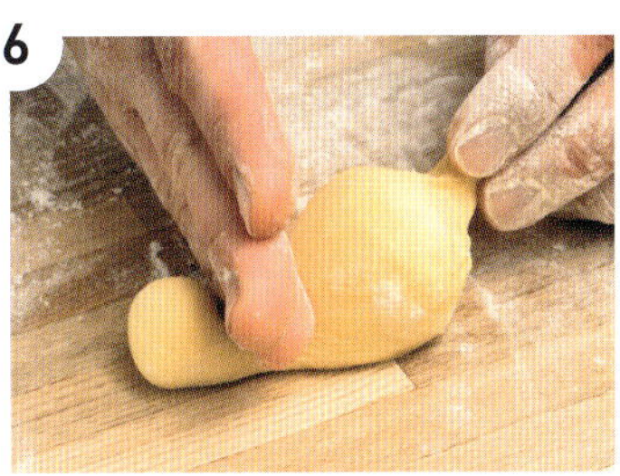

손에 덧가루를 뿌리고 ❺를 두 손바닥으로 굴려서 둥글린다. 반죽 이음매 부분을 꼼꼼하게 여미고 작업대에 덧가루를 뿌려 반죽을 가로로 놓는다. 손바닥에 덧가루를 뿌리고 이음매 반대쪽 1/3 지점에 세워서 대고 앞뒤로 굴려서 표주박 모양으로 만든다.

브리오슈틀을 냉장고에서 꺼내 ❻의 머리 부분을 손으로 잡고 이음매 부분이 아래로 가도록 틀에 넣는다.

그대로 머리 부분이 가운데로 오게 한다. 손가락으로 머리 부분 주위 반죽을 눌러가며 정돈한다. 오븐팬에 일정한 간격을 두고 올리고 발효기(온도 30℃, 습도 70%) 혹은 오븐의 발효 기능으로 50~60분간 최종 발효한다.

틀에 가득 찰 정도로 부풀어 오르면 솔로 덧칠용 달걀을 바른다. 210℃로 예열한 오븐에 넣어 20분간 굽고 틀에서 꺼내 식힘망 위에 올려 식힌다.

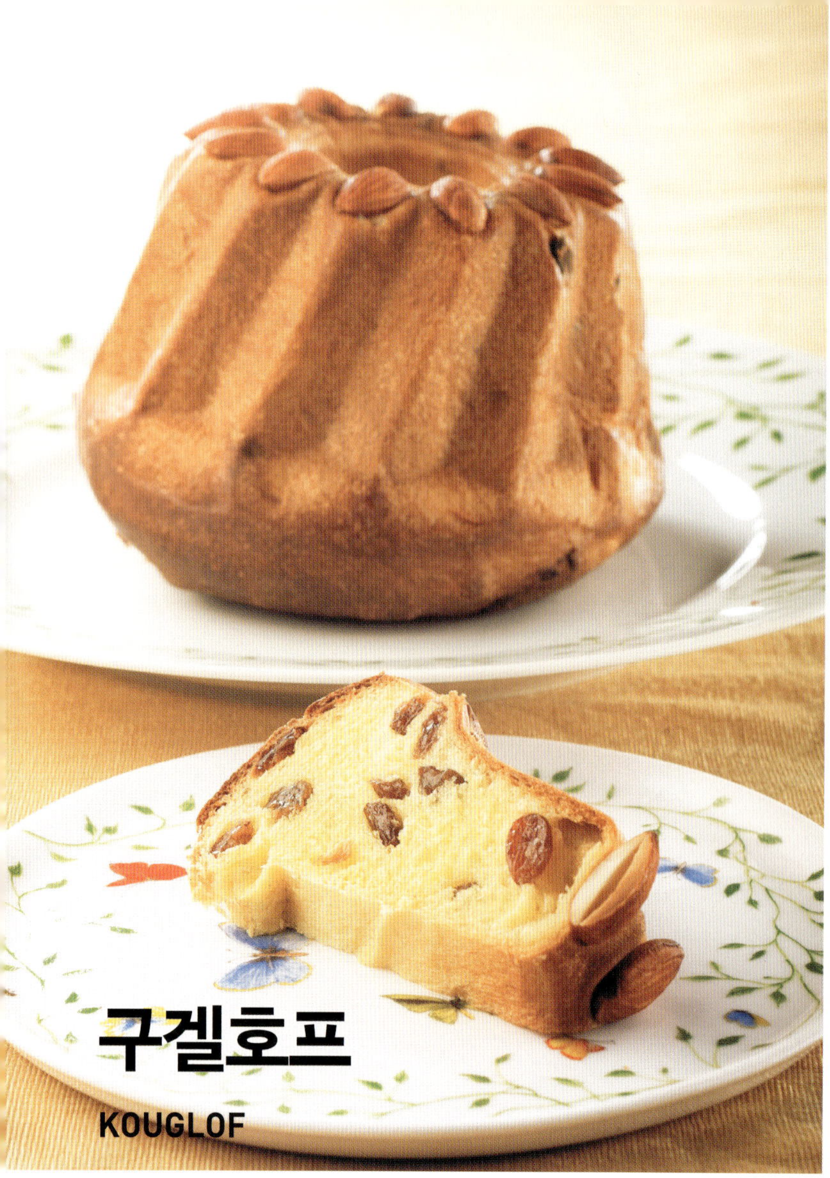

구겔호프
KOUGLOF

달콤하고 이스트향이 풍부한 반죽에 건과일이 듬뿍 들어가 있습니다. 빵처럼 느껴질 수도 있지만, 달걀노른자가 가득 들어간 농후한 독일 디저트입니다. 레몬제스트와 그랑 마니에르(오렌지향 리큐르)로 반죽 전체에 오렌지 풍미를 입혀서 깊은 맛을 느낄 수 있습니다. 이름대로 구겔호프틀에 구워내는 게 기본입니다. 사선으로 굴곡이 있는 모양은 디자인적으로 보기 좋을 뿐만 아니라 속과 겉에 열이 고르게 전달되도록 해주는 역할도 겸하고 있습니다. 마른행주를 덮어 식히면 구겔호프가 건조되지 않게 막을 수 있습니다.

재료(지름 15cm 구겔호프틀 2개 분량)

버터(무염)		90g

A
강력분	250g
그래뉴당	60g
소금	5g
인스턴트 드라이 이스트	4g
레몬제스트	1/2개 분량

B
달걀노른자	60g
우유	125g

설타나 건포도	125g
오렌지필(잘게 다진 시판용)	15g
그랑 마니에르	10g
아몬드	26개
덧가루(강력분)	적당량

밑준비

- 구겔호프틀 2개에 버터(분량 외)를 조금 두껍게 바른 후 아몬드를 바닥 홈에 하나씩 놓고 냉장고에 넣어 차게 식힌다.
- 버터는 냉장고에 넣어 차게 식힌다.
- 우유를 상온 상태(20℃)로 만들고 달걀노른자를 넣어 섞는다.
- 설타나 건포도와 오렌지필을 합쳐 그랑 마니에르를 뿌린다.
- 강력분을 두 번 체 친다.
- 볼에 쇼트닝(분량 외)을 바른다.

 오븐 예열은 **190℃**

1

믹서볼에 재료 **A**를 넣고 후크로 섞는다. **B**를 추가하여 섞는다. 후크와 믹서볼을 스탠드 믹서에 세팅한 후 저속 2분, 고속 2분, 중속 3분, 고속 2분 순으로 섞는다.

2

❶의 작업 중간에 버터를 냉장고에서 꺼내 밀대로 두드려 부드럽게 만든다.

3

❶의 반죽이 한 덩어리로 뭉치면 ❷의 버터를 손으로 자르면서 조금씩 넣고 저속, 고속 순으로 섞는다. 이 과정을 3~4회 반복해 버터를 모두 넣은 후 고속으로 1분, 중속으로 3분 섞는다. 건과일을 한 번에 넣는다.

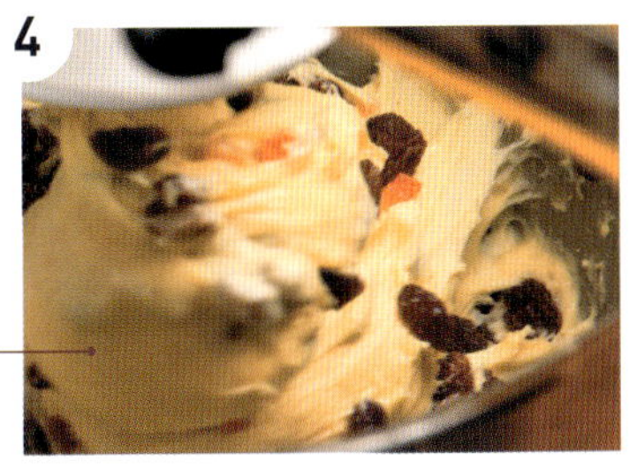

4

저속으로 1분 섞는다.

이때 짧게 섞습니다. 균일하게 섞이기만 하면 되며, 과하게 반죽할 필요는 없습니다.

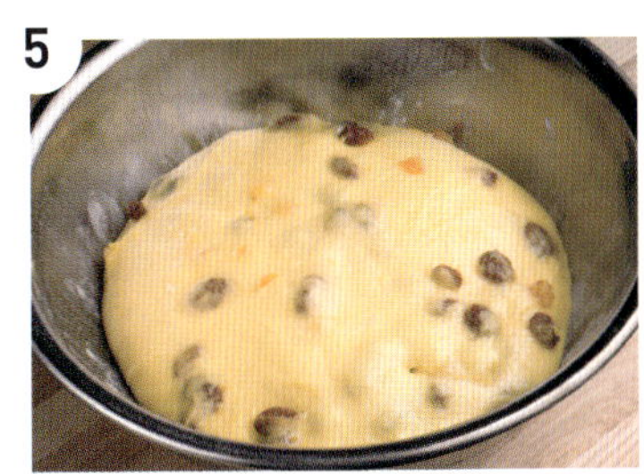

5

작업대에 덧가루를 뿌리고 ❹를 꺼내 대강 둥글린 후, 쇼트닝을 바른 볼에 넣어 랩을 씌운다. 따뜻한 실내에서 80~90분간 발효한다(사진은 발효 후의 상태).

6

작업대에 덧가루를 뿌리고 ❺를 꺼내 밀대로 가볍게 누르며 가스를 뺀다. 2등분해서 둥글린 후 각각 볼에 넣고 비닐을 덮어 실온에서 15분간 휴지한다.

1개당 365g이 됩니다.

7

작업대에 덧가루를 뿌리고 ❻을 올려 밀대로 가볍게 밀어서 원형으로 만든다. 밀대에 덧가루를 묻히고 가운데를 눌러 구멍을 만든다. 손가락으로 구멍을 넓힌다.

8

냉장고에서 꺼낸 구겔호프틀에 덧가루가 묻어 있는 반죽 바닥이 위로 오게 넣고 손가락에 힘을 주어 꾹꾹 누른다. 비닐을 덮어 따뜻한 실내(30℃)에서 60~70분간 최종 발효한다.

반죽 이음매 부분이 윗면에 있으면 예쁘게 구워지지 않으므로 밀어 넣습니다.

9

발효 후에는 틀에 가득 찰 정도로 부푼다. 반죽 윗면에 분무기로 물을 뿌리고 190℃로 예열한 오븐에 넣어 35~40분간 굽는다. 다 구워지면 틀에서 꺼내 식힘망 위에 올려 마른행주를 덮어 식힌다.

구울 때 반죽 윗면이 마르면 잘 부풀어 오르지 않기에 분무기로 물을 뿌려서 습도를 조절해줍니다.

비스퀴 드 사부아

BISCUIT DE SAVOIE

울퉁불퉁한 모양에 슈거파우더를 뒤집어쓴 모습은 프랑스와 스위스 국경에 있는 산악 지방 사부아의 첫눈이 내린 산을 떠오르게 합니다. 반죽은 버터를 사용하지 않고 달걀, 설탕, 밀가루, 콘스타치로 만들어서 바삭하고 정말이지 가볍습니다. 구움색이 연한 만큼, 맛 또한 부드럽습니다. 잘라서 접시에 담아낼 때 프랑부아즈 퓌레를 곁들여 전체적인 맛을 잡아주면 또 다른 맛을 즐길 수 있습니다. 또는 좋아하는 잼을 곁들여 간식으로 먹어도 좋습니다.

커피와의 궁합

약	중	중강	강
×	◎	◎	△

BACH'S SELECTION

BEST	중	파나마 돈파치 티피카
BETTER	Var.	핫 모카 자바

식감도 맛도 매우 섬세하기에 그 맛의 윤곽을 잘 살려주는 커피를 매칭하는 것이 좋습니다. 깔끔한 산미와 강하지 않은 쓴맛이 있으면서 향도 풍부한, 다양한 맛의 요소를 지닌 중배전이 가장 잘 어울립니다. 또한 입안에서 반죽에 데커레이션하듯이 초콜릿과 생크림, 커피가 융합한 베리에이션 커피, 핫 모카 자바도 잘 어울립니다. 맛이 확실하지 않은 커피, 쓴맛이나 산미가 너무 강한 커피는 어울리지 않습니다.

재료(지름 18.5cm 사부아틀 1개 분량)

달걀노른자	80g
그래뉴당	65g
박력분	50g
콘스타치	50g

【 머랭 】

달걀흰자	120g
그래뉴당	20g
소금	1g

슈거파우더(장식용) ·················· 적당량

밑준비

- 사부아틀에 버터(분량 외)를 바르고 냉장고에 넣어 차게 식힌다. 사용하기 직전에 꺼내, 강력분(분량 외)을 뿌린다.
- 박력분과 콘스타치를 합친 후 두 번 체친다.

 오븐 예열은 **160℃**

advice

이 과자 반죽은 아주 심플하지만 동시에 매우 섬세합니다. 반죽하기 시작하면 중간에 손을 멈추지 않겠다는 마음가짐으로 만들도록 합시다. 신속하게 만드는 것이 맛있게 굽는 비결입니다.

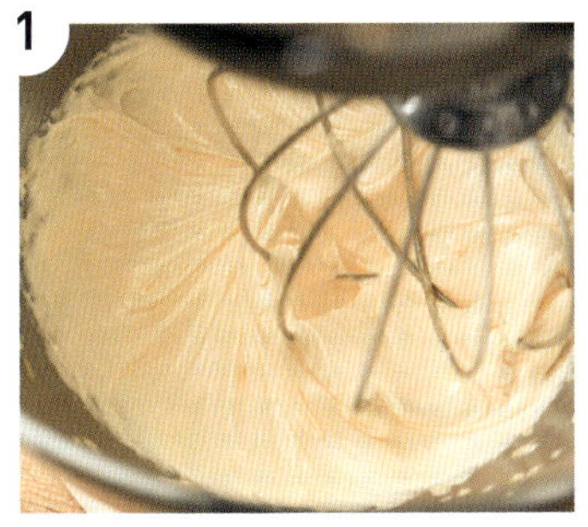

1 스탠드 믹서에 와이어 휘퍼를 세팅하고 믹서볼에 달걀노른자와 그래뉴당을 넣어 저속, 중속, 고속 순으로 섞으며 폭신하고 밝은색이 되게끔 휘핑한다.

2 p.44의 요령으로 결이 곱고 뿔이 뾰족하게 서는 머랭을 만든다. 이 단계에서 달걀흰자에 소금을 넣는다.

3 믹서볼을 분리해 작업대 위에 올리고 ❷의 1/3 분량을 ❶에 넣어 고무 주걱으로 고루 섞는다.

4 가루류를 넣고 자르듯이 섞는다. 날가루가 보이지 않는 매끄러운 상태로 만든다.

5 나머지 ❷를 넣어 거품이 꺼지지 않도록 조심히 섞는다.

6 틀에 반죽을 붓는다. 틀을 10cm 높이에서 작업대에 떨어뜨려 반죽 속 기포를 정리한다. 160℃로 예열한 오븐에 넣어 50~60분간 굽는다. 한 김 식으면 틀에서 꺼내 식힘망 위에 올려 식힌다. 차거름망에 슈거파우더를 넣고 겉면에 솔솔 뿌린다.

헤이즐넛 사블레

HAZELNUT SABLÉ

재료가 버터, 설탕, 달걀, 밀가루, 그리고 헤이즐넛이라는 심플한 이 사블레는 무엇보다 오래 굽지 않는 것이 가장 중요합니다. 가장자리가 살짝 노릇해질 정도로만 구우면 파스스 부서지는 듯한 부드러운 식감으로 완성됩니다. 버터의 달콤한 향에 씹을수록 강해지는 헤이즐넛의 묵직한 향이 더해져 어린아이부터 어른까지 모두가 좋아하는 맛입니다.

커피와의 궁합

약	중	중강	강
×	◎	△	×

BACH'S SELECTION

BEST	중	니카라과
BETTER	중강	과테말라
OTHER	Var.	카페오레

이 과자는 부드럽고 심플한 맛이면서 헤이즐넛과 버터의 오일감과 부드러움도 지니고 있어서 매칭하는 커피도 목넘김이 부드럽고 유분이 있는 것이 좋습니다. 과한 산미는 잘 어울리지 않으나, 대체로 중배전 커피와는 잘 맞습니다. 중배전 커피와 매칭하면 과자와 커피가 균형감 있게 잘 어우러집니다. 또한 쓴맛이 강해지는 중강배전과 매칭하면 커피 맛이 깊어집니다. 특히 견과류 풍미가 있는 커피와 궁합이 좋습니다. 우유의 크리미한 감칠맛과도 잘 어울리므로 카페오레와 함께 즐겨보세요.

재료(3cm×4cm 사각형 약 40개 분량)

반죽

버터(무염)	175g
슈거파우더	88g
소금	한 꼬집
전란	25g
박력분	125g
프랑스 밀가루	125g
껍질이 있는 헤이즐넛*	45g

* 160℃로 예열한 오븐에서 14분간 구워 껍질을 벗기고 굵게 다진 것.

밑준비

전날 ※ 반죽을 만든다
- 버터를 약 1cm 두께로 자른 후 상온에 둔다.
- 가루류(박력분, 프랑스 밀가루)를 합쳐 두 번 체 친다.
- 전란을 풀어둔다.

 오븐 예열은 **180℃**

advice

이 반죽은 냉동보관이 가능하기에 넉넉하게 반죽해놓고 필요한 양만 잘라 구우면 편리합니다. 너무 진하게 구움색이 나지 않도록 굽는 게 좋은데, 사블레 반죽은 설탕이 많이 들어가서 금방 구움색이 나며, 버터 또한 분량이 많아서 굽는 시간이 너무 짧으면 반죽이 녹아서 모양이 망가집니다. 오븐마다 다소 차이가 있으므로 너무 빨리 구움색이 나면 온도를 조금 낮추고, 늦으면 온도를 조금 올리는 등 상태를 지켜보면서 조절하도록 합시다.

1

전날 반죽을 만든다. 스탠드 믹서에 비터와 믹서볼을 세팅하고 버터, 슈거파우더, 소금을 넣어 저속, 중속, 고속 순으로 고루 섞어 매끈하고 균일한 상태로 만든다. 전란을 더해 가볍게 섞는다.

2

믹서볼을 분리하고 헤이즐넛을 넣어 나무 주걱으로 가볍게 섞는다.

3

가루류를 더해 전체를 바닥부터 크게 저으며 섞는다.

4

작업판에 유산지를 깐 다음 사각 세르클틀(7cm×12.5cm×높이 5cm)을 올리고 ❸을 손으로 펴며 깐다. 틀을 끼운 상태에서 비닐을 덮고 냉장고에 넣어 하룻밤 휴지한다.

5

당일 ❹를 냉장고에서 꺼내 사각 세르클틀을 제거하고 세로로 2등분해 3.5cm 폭의 막대 모양 2개로 자른다. 반죽을 가로로 놓고 5mm 두께로 자른다.

6

오븐팬에 일정한 간격을 두고 올린 후, 180℃로 예열한 오븐에 넣어 12~13분간 굽는다. 식힘망에 올려 그대로 식힌다.

바닐레 킵펠

VANILLEKIPFERLN

입에 넣는 순간 보슬보슬 '덧없이' 바스러지는 느낌이야말로 이 과자의 매력 포인트입니다. 구움색이 과하지 않게 굽는 게 좋으며 바닐라향과 버터의 풍미, 아몬드의 감칠맛을 심플하게 살린 다정하고 스윗한 맛이 입안 가득 퍼져나갑니다. 단맛이 또렷이 느껴지는 데다 크기도 자그마하며, '바닐라 초승달'이라는 독일어 의미처럼 모양 또한 사랑스럽고 구움색도 연하고 부드러우므로 커피잔 옆에 각설탕처럼 곁들여서 제공해도 좋습니다.

커피와의 궁합

약	중	중강	강
△	◎	△	×

BACH'S SELECTION

BEST	중	예멘 모카 마타리
BETTER	중강	바흐 블렌드
OTHER	약	베트남 아라비카

오래 굽지 않아 색깔이 연한 과자답게 맛도 부드럽습니다. 덧없이 사라지는 식감이 입에 가득 퍼지기에 커피 맛이 너무 강하면 과자의 존재감이 약해집니다. 과자도 커피도 균형감 있게 즐기기 위해서는 산미와 감칠맛이 있는 중배전이 좋습니다. 특히 잘 익은 과일의 새콤달콤함을 떠오르게 하는 커피가 가장 잘 어울립니다. 일반적으로 산미가 강한 커피에 설탕을 살짝 넣으면 마시기 편해지는 것처럼 설탕 대신 이 과자를 곁들여서 먹어보세요. 바닐라의 풍부한 풍미가 있기에 스파이시한 풍미의 약배전과 매칭해도 좋습니다.

재료(약 32개 분량)

파트 브리제

그래뉴당	40g
박력분	125g
아몬드 가루	65g
소금	한 꼬집
바닐라빈	1/2개
버터(무염)	110g
달걀노른자	20g
바닐라슈거*	적당량

* 바닐라슈거는 바닐라빈 1/2개를 세로로 갈라 씨를 긁어내 그래뉴당 500g과 섞은 것. 남으면 프루트 케이크(p.94) 등에 그래뉴당 대신 사용해도 된다.

밑준비

전날 ※ 파트 브리제를 만든다

- 바닐라빈 껍질은 세로로 갈라 씨를 긁어내고 그래뉴당, 박력분, 아몬드 가루, 소금을 합쳐 두 번 체 친 후 냉장고에 넣어 차게 식힌다.
- 버터를 1cm 크기로 깍둑썰고 냉장고에 넣어 차게 식힌다.
- 달걀노른자를 풀어둔다.

오븐 예열은 **180℃**

크기가 작으니 과하게 굽지 않도록 주의합시다. 살짝 구움색이 날 정도로만 구우면 됩니다.

1 **전날** p.33의 요령으로 파트 브리제를 만든다. 비닐로 감싸 약 1cm 두께로 밀고 **냉장고에 넣어 차게 식힌다.**

2 **당일** ❶을 냉장고에서 꺼내 작업대 위에 올리고 1개당 10g씩 자른다.

3 손으로 굴려서 10cm 길이의 막대 모양으로 만든다.

4 살짝 구부려서 초승달 모양(말발굽 모양)으로 만든다. 오븐팬에 일정한 간격을 두고 올린다.

5 180℃로 예열한 오븐에 넣어 14분간 굽는다.

6 바닐라슈거를 바트에 고루 뿌리고 ❺가 다 구워지면 올린다. 바닐라슈거를 묻힌다.

마블
초콜릿 케이크

MARBLE CHOCOLATE CAKE

파운드틀로 굽는 친근한 과자. 카페 바흐에서는 파트 아 케이크 반죽에 아몬드 가루를 더해 맛은 더욱더 농후하면서 잘 부스러지는 가벼운 식감으로 만들고 있습니다. 마블 무늬로 완성하면 보기에 좋을 뿐만 아니라 두 가지 맛을 맛보는 즐거움도 만끽할 수 있어 심플하면서도 맛있는 케이크입니다. 오래 두고 먹을 수 있을 거라 착각하기 쉬우나, 아몬드와 초콜릿의 풍미와 유지는 노화되기 쉬우니 되도록 빨리 먹는 편이 좋습니다. 구겔호프틀로 구우면 좀 더 귀여운 인상으로 바뀔 거예요!

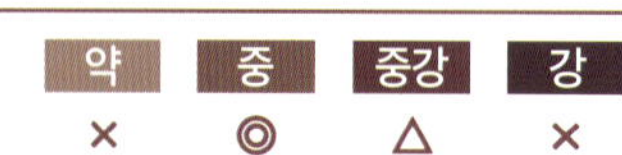

커피와의 궁합	약	중	중강	강
	×	◎	△	×

이 과자는 입에 넣으면 포슬포슬 부서져서 커피와 잘 어우러집니다. 함께 어우러지는 맛을 만끽할 수 있도록 커피는 상쾌한 산미와 단맛, 오일감이 있는 중배전이 좋습니다. 중배전 커피와 매칭하면 과자의 풍미가 더욱더 깊어집니다. 초콜릿 풍미는 스파이스향이나 오일감과 잘 어울리기에 약간 개성적인 중강배전과 매칭해도 좋습니다. 산미가 있고 바디감이 약한 약배전이나 바디감이 강한 강배전은 둘 다 잘 어울리지 않습니다.

BACH'S SELECTION

BEST ▶ 중 파나마 돈파치 게이샤 W **BETTER** ▶ 중강 수마트라 만델링

재료(18cm×8cm×6.5cm 파운드틀 2개 분량)

파트 아 케이크

버터(무염)	200g
그래뉴당	160g
전란	150g
박력분	120g
콘스타치	40g
베이킹파우더	1작은술
아몬드 가루	60g
브랜디(V.S.O)	30g
비터 초콜릿*	30g

* 발로나 사의 엑스트라비터 61%를 사용한다.

밑준비

- 파운드틀에 유산지를 깐다.
- 버터를 1cm 두께로 잘라 상온에 둔다.
- 박력분, 콘스타치, 베이킹파우더, 아몬드 가루를 합쳐 두 번 체 친다.
- 굵게 다진 비터 초콜릿을 작은 볼에 담고 중탕(60℃)으로 녹인다.

 오븐 예열은 **180℃**

만드는 법

1 p.25의 요령으로 파트 아 케이크 반죽을 만들고 마지막에 브랜디를 넣어 고루 섞는다.

2 ❶의 1/3 분량을 다른 볼에 덜어놓고 녹인 비터 초콜릿을 섞는다. 나머지 반죽 2/3는 볼 측면에 넓게 펼치고 그 사이에 홈을 낸 뒤 초콜릿 반죽을 넣어 주위의 반죽으로 덮는다. 나무 주걱으로 2~3회 휘휘 섞고 스크래퍼로 크게 떠서 파운드틀 2개에 넣는다. 틀을 10cm 높이에서 작업대에 떨어뜨려 반죽 속 기포를 정리한다.

3 180℃로 예열한 오븐에 넣어 45분간 굽는다. 20분이 지나면 오븐에서 꺼내 윗면에 5mm 깊이로 길게 칼집을 넣고 계속해서 굽는다. 다 구워지면 틀에서 꺼내 식힘망 위에 올려 식힌다.

제 4 장

중강배전과 잘 어울리는 과자

딸기 쇼트 케이크

GÂTEAUX AUX FRAISES

촉촉하고 결이 촘촘한 스펀지 반죽, 사르르 녹는 가벼운 휘핑 크림, 제철 딸기의 조합은 꾸준히 사랑받는 구성입니다. 입안 가득 퍼지는 딸기의 섬세한 향과 새콤달콤한 맛을 살리기 위해 다른 재료는 사용하지 않고, 시트는 제대로 달콤하게 만드는 게 바흐 스타일입니다. 달걀 본연의 맛을 충분히 살려 한 입 먹으면 포근한 기분에 빠지는 맛이기에 커피와 조화롭게 어우러집니다. 딸기가 맛있는 12월부터 5월까지만 맛볼 수 있는 계절 케이크입니다.

재료(지름 15cm 제누아즈틀 1개 분량)

파트 아 제누아즈

전란	124g
그래뉴당	80g
박력분	72g
버터(무염)	14g
우유	14g
바닐라빈	1/5개

크렘 샹티이

생크림(유지방 성분 40%)	350g
슈거파우더	32g
시럽*	40g
딸기	13개

* 그래뉴당과 물을 1:1 비율로 섞고 끓여서 녹인 것.

밑준비

- 제누아즈틀에 유산지를 깐다.
- 박력분을 두 번 체 친다.
- 볼에 버터, 우유를 넣는다. 바닐라빈 껍질은 세로로 갈라 씨를 긁어내서 넣고 중탕으로 데운다. 바닐라빈 껍질은 사용할 때 건져낸다.
- 딸기는 꼭지를 잘라내고 7개는 세로로 반 자른다.

 오븐 예열은 **180℃**

커피와의 궁합

약	중	중강	강
×	△	◎	×

섬세한 이 케이크에는 쓴맛, 산미, 감칠맛이 적당히 있으면서 서로 균형을 이루는 커피를 매칭하는 게 좋습니다. 산미가 강하면 딸기의 산미와 부딪치고, 쓴맛이 강하면 커피가 두드러집니다. 또한 강한 감칠맛과 스파이스향, 많은 요소가 뒤섞인 복잡한 풍미는 되레 케이크를 음미하는 데 방해가 됩니다. 그렇다고 섬세한 커피를 매칭하면 케이크의 윤곽이 흐릿하게 느껴지기에 베스트 조합은 중강배전 블렌드입니다. 바디가 약하고 부드러운 쓴맛과 산미가 있는 타입의 중강배전도 잘 어울립니다. 어느 쪽이건 둘 다 케이크와 수분을 연결해주는 오일감이 있기에 잘 어우러집니다.

BACH'S SELECTION

BEST ▶ 중강 바흐 블렌드 **BETTER** ▶ 중강 파푸아뉴기니

1

p.27의 요령으로 파트 아 제누아즈를 만든다. 제누아즈틀에 반죽을 붓고 틀을 10cm 높이에서 작업대에 떨어뜨려 반죽 속 기포를 정리한다.

반죽은 볼 가운데 부분이 가장 안정적입니다. 볼을 기울여 우선 이 가운데 부분의 반죽을 틀에 부어 넣은 후, 볼에 남은 나머지 반죽을 스크래퍼로 긁어모아 반죽 위에 포개듯 붓고, 스크래퍼로 가볍게 표면을 정돈합니다.

2

180℃로 예열한 오븐에 넣어 23분간 굽는다. 다 구워지면 틀에서 꺼낸 후 식힘망 위에 올린다. 완전히 식으면 유산지를 벗긴다.

다 구워졌는지는 눈으로 보고 판단합니다. 반죽이 약간 오그라들어 틀과 반죽 사이에 틈이 생기고 유산지에 주름이 적당히 잡히면 제대로 익었다는 증거입니다.

파트 아 제누아즈를 다 구운 후 틀에서 꺼냈을 때 바닥 쪽 유산지에 얼룩이 졌을 때가 있는데, 그 이유는 버터가 덜 섞여서 그렇습니다. 반죽을 바닥에서부터 확실히 섞어야 합니다.

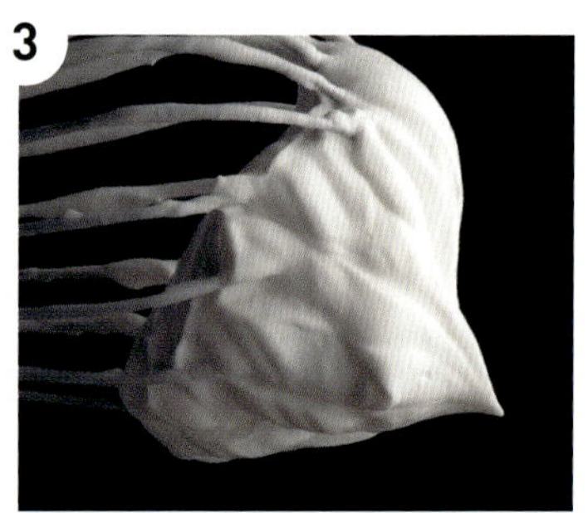

3

p.40의 요령으로 크렘 샹티이를 만든다. 볼에 생크림을 넣고 얼음물 위에 올려 휘핑한다. 걸쭉해지면 슈거파우더를 넣고 70~80%로 휘핑한다.

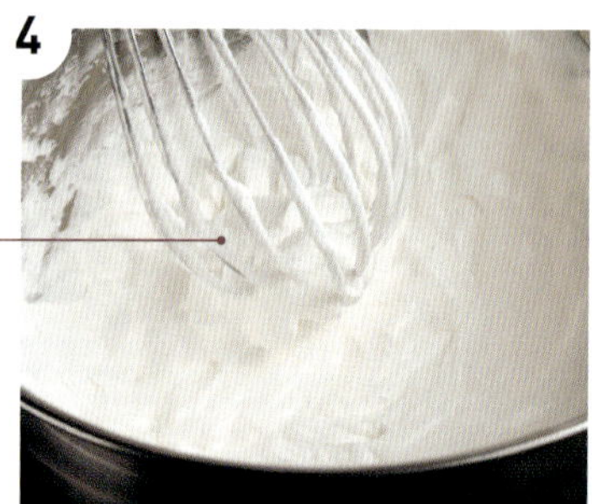

4

볼 앞쪽의 절반 정도는 계속 휘저어서 90%로 휘핑한다.

반죽에 샌드할 때는 살짝 펴 바르기만 하면 되기에 처음부터 베스트 상태인 90%로 휘핑합니다. 1개의 볼 안에서 휘핑 농도를 나누면 훨씬 수월하게 작업할 수 있습니다.

5

❷의 시트 윗면과 아랫면을 각각 5mm 정도 잘라낸다. 가로로 절반 잘라서 2cm 두께의 반죽을 2장 만든다. 작업대에 회전판을 놓고 제누아즈 1장을 올려 솔로 절반 분량의 시럽을 바른다.

잘라낸 반죽은 잘게 부숴 다른 과자에 크림으로 활용하면 좋습니다.

6

❹의 90%로 휘핑한 크렘 샹티이를 윗면에 올려 얇고 균일하게 바른다. 가운데에 반으로 자른 딸기를 꼭지 쪽이 바깥을 향하도록 방사형으로 나열한다. 주변에도 같은 방법으로 둥글게 올린다. 그 위에 90%로 휘핑한 크렘 샹티이를 떠서 가운데에 올린다.

7

팔레트 나이프로 딸기 윗부분이 살짝 보일 정도로 평평하게 펴 바른다.

8

나머지 1장을 뒤집어서 올린다. 윗면에 솔로 시럽을 바른다.

> 뒤집어서 올려야 측면이 보기 좋은 일직선으로 완성됩니다.

9

70~80%로 휘핑한 크렘 샹티이를 케이크 전체에 얇게 바른다.

10

70~80%로 휘핑한 크렘 샹티이를 듬뿍 올린 다음, 팔레트 나이프를 비스듬히 세워서 쥐고 회전판을 조금씩 돌리면서 깔끔하게 바른다. 넘친 생크림으로 측면을 바른다.

11

윗면에 팔레트 나이프 칼등으로 3개의 선을 방사형으로 긋는다. 별 깍지를 끼운 짤주머니에 70~80%로 휘핑한 나머지 크렘 샹티이를 채워 케이크 윗면의 가장자리를 따라서 짜고, 중심을 향해 길게 한 번 더 짠다. 딸기 6개를 크림 위에 올리고 냉장고에 넣어 차게 식힌다.

치즈 케이크

CHEESE CAKE

치즈 케이크에는 베이크, 수플레, 레어 세 종류가 있는데, 카페 바흐에서는 커피와 잘 어우러지면서 사르르 녹는 수플레 타입을 만들고 있습니다. 공기를 머금어 폭신하고 부드러우면서 촉촉하고 깊은 맛을 즐길 수 있습니다. 치즈와 과자를 이어주는 역할을 하는 레몬의 산미를 제대로 살리면 한층 더 깊이 있는 맛으로 완성할 수 있습니다. 먹을 때에는 온도도 신경 써야 합니다. 냉장고에서 꺼내자마자 바로 먹으면 반죽이 수축된 상태여서 커피와 잘 어우러지지 않습니다. 잠시 상온에 두어 수플레 상태로 되돌리는 것을 잊지 마세요.

커피와의 궁합	약	중	중강	강
	×	△	◎	△

이 케이크는 짙은 향, 부드러운 풍미, 감칠맛, 깊은 맛뿐만 아니라 산미도 약간 있습니다. 이처럼 다양한 맛의 요소가 조합된 치즈 케이크에는 커피 또한 쓴맛과 감칠맛 성분이 풍부한 중강배전이 어울립니다. 그중에서도 산미가 조금 강한 품종을 고르면 한층 더 맛있게 즐길 수 있습니다.

BACH'S SELECTION

BEST ▶ 중강 탄자니아　　**BETTER** ▶ 중강 과테말라

OTHER ▶ 중강 콜롬비아

재료(지름 21cm 제누아즈틀 1개 분량)

크림치즈	428g
버터(무염)	63g
그래뉴당	59g
달걀노른자	85g
박력분	27g
레몬즙	20g
생크림(유지방 성분 47%)	90g
우유	45g

【 머랭 】

달걀흰자	165g
그래뉴당	59g

밑준비

- 제누아즈틀에 버터(분량 외)를 바르고, 그래뉴당(분량 외)을 균일하게 뿌린다. 바닥에만 유산지를 깔고 냉장고에 넣어 차게 식힌다.
- 머랭용 달걀흰자와 그래뉴당을 가볍게 섞어 합치고 냉장고에 넣어 30분 정도 차게 식힌다.
- 생크림과 우유를 섞어 냉장고에 넣어 둔다.
- 크림치즈와 버터를 냉장고에서 꺼내 1cm 두께로 잘라 상온에 둔다.
- 달걀노른자를 풀어둔다.
- 박력분을 두 번 체 친다.

 오븐 예열은 **150℃**

1

스탠드 믹서에 믹서볼과 비터를 세팅한다. 볼에 크림치즈와 버터를 번갈아가며 넣으면서 저속, 고속, 중속 순으로 고루 섞어 균일한 상태로 만든다.

2

그래뉴당 분량의 1/3을 넣고 저속, 중속 순으로 섞어 균일한 상태로 만든다. 나머지 그래뉴당도 같은 방법으로 고루 섞는다. 풀어둔 달걀노른자를 조금씩 넣으면서 섞는다(사진). 박력분을 한 번에 넣고 처음에만 잠깐 저속으로 섞다가 곧바로 중속으로 올려 약 10초간 고루 섞는다.

3

❷를 체망에 거른다.

글루텐이 생기지 않도록 박력분을 넣고 나서는 아주 짧게 섞어주세요. 체망에 거르면 반죽이 균일해지고 달걀 알끈 등도 깔끔하게 제거되어 매끈한 상태가 됩니다.

4

머랭을 만든다. 스탠드 믹서에 새 믹서볼과 와이어 휘퍼를 세팅한다. 준비한 달걀 흰자를 저속으로 섞다가 고속, 중속, 저속을 반복한다.

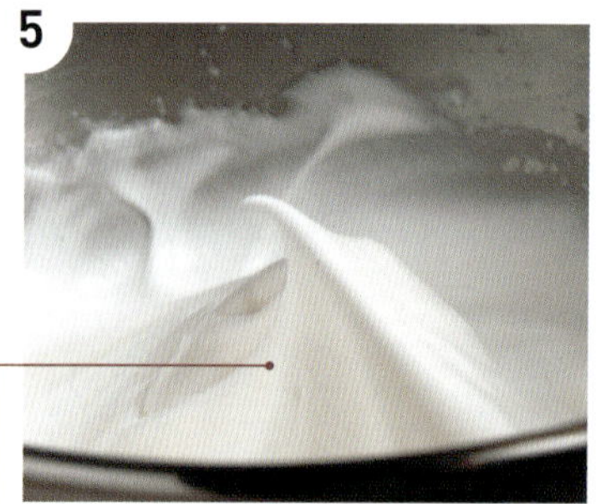

5

윤기가 있고 매끈한 머랭으로 만든다.

덜 휘핑되면 수플레 상태로 구워지지 않고, 과하게 휘핑되면 부풀어 오른 후에 가라앉기도 합니다.

advice

푹신푹신한 식감을 만들어주는 건 머랭입니다. 이 거품이 사라지지 않고 묵직하면서 밀도가 있는 치즈 반죽에 고루 섞이게끔, 머랭은 윤기가 있고 매끈한 상태로 완성하는 게 포인트입니다.

6

❸에 레몬즙을 섞은 다음, 우유를 섞은 생크림을 1/3~1/4 분량만 넣고 고무 주걱을 크게 움직이면서 거품이 생기지 않도록 섞는다.

7

같은 방법으로 나머지 생크림을 섞는다.

8

❺의 머랭 1/3 분량을 넣고 충분히 섞는다. 나머지를 2회에 나눠 넣고 이번에는 거품이 꺼지지 않도록 섞는다.

> 처음에 섞을 때는 머랭 거품이 조금 꺼져도 괜찮습니다. 이때는 치즈 반죽과 머랭을 고루 섞는 것이 중요합니다. 두 번째 이후부터는 거품이 꺼지지 않도록 주의합시다.

9

위아래를 뒤집어 균일한 상태가 되도록 다른 볼에 반죽을 붓는다. 냉장고에서 틀을 꺼내 반죽을 붓는다.

10

스크래퍼로 가장자리에서 약 5mm 안쪽부터 평평하게 다듬는다. 오븐팬에 틀을 올리고 70~75℃로 끓인 물을 부은 후, 150℃로 예열한 오븐에 넣어 30분간 굽는다. 물을 빼고 댐퍼를 열어 30분간 굽고, 마지막으로 오븐 문을 조금 연 상태에서 30분간 굽는다.

> 이 반죽은 틀 측면에 뿌린 그래뉴당을 따라 위로 부풀기 때문에, 반죽을 평평하게 다듬을 때 스크래퍼로 그래뉴당을 긁어서 떨어뜨리지 않도록 주의합시다.

11

다 구워지면 틀 가장자리를 따라 팔레트 나이프를 돌려 그 틈새로 열기를 뺀다. 틀째 30분 정도 식힌다. 유산지를 덮고 작업대에 올리고 그대로 뒤집어 틀에서 꺼낸다. 다시 한번 뒤집고 상온에서 1시간 식힌다.

추억의 사과 케이크

ALTDEUTSCHER APFELKUCHEN

사과를 파운드 반죽에 넣어 구운 이 케이크는 신선함, 고급스러운 산미, 단맛이 반죽에 고루 스며든, 사과 풍미가 흘러넘치는 맛입니다. 따라서 '제철' 사과를 사용하되, 가능하면 과육이 단단한 홍옥을 사용해주세요. 자르는 방법도 맛을 살리는 중요한 요소 중 하나이므로 너무 얇거나 작아도 안 되며, 반대로 너무 커도 안 됩니다. 지름 21cm 틀이라면 사과 1개를 10등분하는 게 가장 좋습니다. 제철 과일을 오롯이 만끽할 수 있도록, 카페 바흐에서는 10월경부터 만들기 시작해 늦어도 1월이면 끝나는 메뉴입니다.

커피와의 궁합

약	중	중강	강
×	△	◎	△

케이크를 입에 넣으면 사과 풍미의 버터 시트에 이어 반쯤 익은 사과의 식감과 상쾌한 산미가 스르륵 퍼집니다. 가장 마지막에 바르는 살구잼과 퐁당도 한데 어우러져 달콤함과 산미가 조화를 이루는 어느 정도 무게감이 있는 케이크이기에, 커피는 쓴맛과 산미가 균형감 있게 잘 융합된 풍부한 타입을 매칭하는 것이 좋습니다. 섬세하거나 독특한 개성이 있는 커피는 케이크의 맛을 살리지 못합니다.

BACH'S SELECTION

BEST	중강 파푸아뉴기니
BETTER	중강 과테말라
OTHER	중강 바흐 블렌드

재료(지름 21cm 제누아즈틀 1개 분량)

사과	300g

파트 아 케이크

버터(무염)	200g
그래뉴당	200g
전란	200g
박력분	200g
소금	한 꼬집
레몬제스트	1/2작은술
바닐라에센스	적당량
살구잼	적당량
퐁당(시판용)	적당량
시럽*	적당량

* 그래뉴당과 물을 1:1 비율로 섞고 끓여서 녹인 것.

밑준비

- 제누아즈틀의 바닥과 측면 크기에 맞게 유산지를 자르고 깐다. 이때, 측면에 두르는 유산지는 틀보다 1cm 높게 자른다.
- 버터를 1cm 두께로 잘라 상온에 둔다.
- 박력분을 두 번 체 친다.
- 전란은 풀어둔다.

 오븐 예열은 **190℃**

1

p.25의 요령으로 파트 아 케이크 반죽을 만든다. 이때 소금과 레몬제스트는 그래뉴당에 섞어둔다. 마지막에 바닐라에센스를 넣고 섞는다.

2

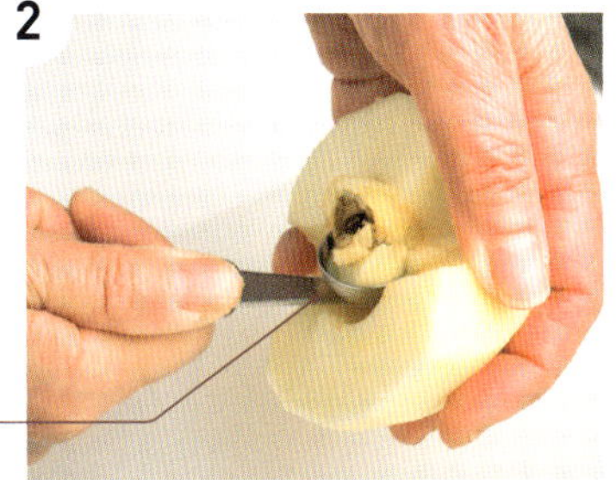

사과는 껍질과 심을 제거한다.

심을 제거하는 방법은 p.64 ❼을 참고해 깔끔하게 제거합시다.

3

반달 모양으로 10등분한다.

4

제누아즈틀에 ❶의 절반보다 조금 더 많은 양을 부어 넣고 스크래퍼로 평평하게 다듬는다. 그 위에 ❸의 바닥 쪽(사과를 자르기 전의 엉덩이 쪽)이 가운데를 향하도록 둥글게 올린다. 빈틈에는 사과를 작게 잘라서 채운다.

5

나머지 반죽을 위에서 붓는다. 스크래퍼를 세워서 쥐고 반죽 가장자리로 펴면서 빈틈이 없도록 만든다. 윗면을 평평하게 다듬는다. 틀을 10cm 높이에서 작업대에 떨어뜨려 반죽 전체를 고르게 만든다.

6

틀을 오븐팬 위에 올리고 190℃로 예열한 오븐에 넣어 50~55분간 굽는다. 다 구워지면 틀에서 꺼내 식힘망 위에 올려 완전히 식힌다.

7

작은 냄비에 살구잼과 소량의 물을 넣고 끓여 농도를 조절한다. 같은 방법으로 퐁당에 시럽을 넣고 중탕해 농도를 조절한다. 솔로 뜨거운 살구잼과 퐁당을 바른다.

advice

파트 아 케이크 반죽은 버터, 설탕, 달걀, 밀가루 순으로 넣어 만듭니다. 기본적으로 분리되기 쉬운 반죽이므로 만약 분리된다면 박력분을 조금 더 넣어 섞으면서 조절하세요. 단, 너무 많이 넣으면 촉촉한 식감이 사라지므로 주의합시다.

프루트 케이크

CAKE AUX FRUITS

가운데가 크게 갈라지고 충분히 구움색을 낸 심플한 고전 케이크로, 칼로 자르면 반죽 속에 빨강, 초록, 갈색, 흑갈색의 색색의 재료가 가득 박혀 있어 마치 보석 상자를 연 것만 같아요. 황홀한 색감을 즐길 수 있을 뿐만 아니라 드레인 체리, 건포도, 호두 저마다의 식감과 풍미가 파운드 케이크 반죽을 더욱더 맛있게 완성해줍니다. 럼주향이 반죽에 배어 있는 촉촉한 식감은 어딘가 그리운 맛이기도 하지요. 구운 당일도 맛있지만 시간이 지날수록 반죽에 과일 맛이 스며들기에 그 변화를 맛보는 것도 즐겁답니다.

재료
(8cm×18cm×6.5cm 파운드틀 2개 분량)

파트 아 케이크

버터(무염)	200g
슈거파우더	180g
전란	200g
박력분	100g
프랑스 밀가루	100g
베이킹파우더	2g
우유	32g

과일 플람베 *

【 건과일 】

드레인 체리(빨강)	40g
드레인 체리(초록)	40g
건포도	120g
오렌지필	80g
럼주	60g
그래뉴당	60g
호두(로스팅한 것) **	60g
브랜디	24g

* Flambé. 센불로 조리 중인 재료에 적당한 도수의 주류를 첨가하여 단시간에 알코올을 날리는 조리법으로 프랑스 요리 기술 중 하나이다. - 옮긴이

** 호두를 반으로 자르고 오븐에 넣어 속껍질이 약간 벗겨질 정도로 구워서 6등분한 것.

밑준비

전날 ※ 과일 플림베를 만든다

■ 드레인 체리는 4등분하고, 오렌지필은 5mm 크기로 깍둑썬다. 건포도는 불순물을 골라내어 물에 살짝 헹구고 물기를 제거한다.

당일

■ 파운드틀에 맞춰 유산지를 깐다.
■ 버터를 1cm 두께로 잘라 상온에 둔다.
■ 가루류(박력분, 프랑스 밀가루, 베이킹파우더)를 합쳐 두 번 체 친다.
■ 전란은 풀어둔다.

 오븐 예열은 **180℃**

advice

카페 바흐에서 건과일은 사용하기 전날 럼주에 설탕을 넣어 끓인 럼주액에 한소끔 끓인 후 로스팅한 호두를 넣고 사용하기 전에 물기를 제거합니다. 이렇게 하면 건과일 특유의 깊은 맛과 풍미가 살아나고 호두는 경쾌한 식감을 그대로 유지하면서 럼주 풍미만 배어들게 할 수 있습니다. 시간이 없다면 건과일에 럼주를 뿌리기만 해도 괜찮습니다.

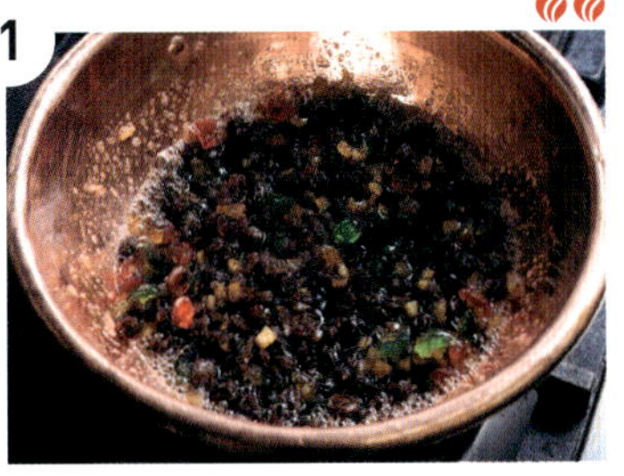

전날 과일 플람베를 만든다. 냄비에 럼주를 넣고 중간 불로 한 번 끓인 후 그래뉴당을 넣어 졸이듯이 녹인다. 전처리한 건과일을 넣어 가볍게 끓인 후 불을 끈다. 호두를 넣고 가볍게 섞어 맛이 배게 한다. 냉장고에 넣어둔다.

당일 ❶을 체에 담아 불필요한 물기를 제거한다.

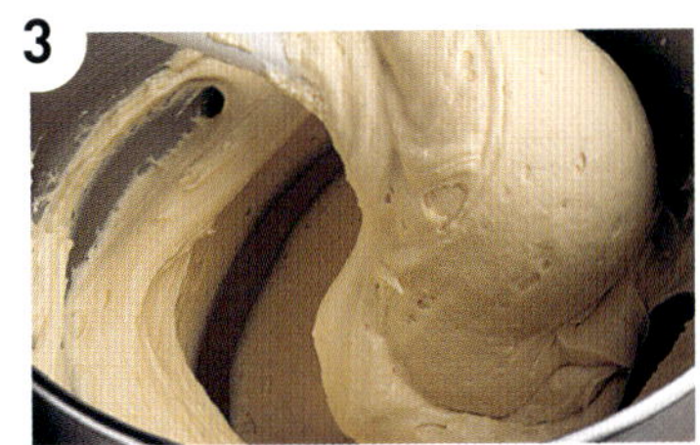

p.25의 요령으로 파트 아 케이크 반죽을 만든다.

❸에 ❷를 넣고 고무 주걱으로 가볍게 섞은 후 우유도 더해 고루 섞는다.

우유를 넣으면 반죽에 깊은 맛이 생기고 촉촉해집니다.

파운드틀 2개에 각각 80% 정도 차게 반죽을 넣고 작은 스크래퍼로 모서리까지 빈틈없이 채운다. 윗면을 스크래퍼로 평평하게 다듬는다. 틀을 10cm 높이에서 작업대에 떨어뜨려 반죽 속의 기포를 정리한다.

오븐에 넣어 구우면 크게 부풀어 오르니 틀에 반죽을 가득 채우지 않도록 주의합시다.

오븐팬에 간격을 적당히 띄워 파운드틀을 올리고 180℃로 예열한 오븐에 넣어 55~60분간 굽는다. 20분쯤 지나면 오븐에서 꺼내 칼끝으로 가운데에 5mm 깊이로 칼집을 길게 낸 후 곧바로 오븐에 넣는다.

반죽 온도가 떨어지지 않도록 오븐 바로 옆에서 재빨리 진행합시다.

다 구워지면 틀에서 꺼내 식힘망 위에 올리고 뜨거울 때 브랜디를 솔로 듬뿍 바른다. 그대로 식힌다.

솔은 미리 물에 적신 후 물기를 제거해서 브랜디를 흡수하지 않게 합시다.

피티비에

PITHIVIERS

파이 반죽과 아몬드향이 풍부한 크렘 다망드. 이 두 가지 구성으로만 만드는 실로 심플한 과자입니다. 파이 반죽은 슈거파우더를 뿌리고 약간 쓴맛이 날 정도로 충분히 굽기 때문에 입에 넣으면 바삭하고 기분 좋게 씹히는 식감에 이어 고소한 버터와 아몬드 풍미가 입안 가득 퍼지는 것이 이 과자의 매력 포인트입니다. 그야말로 먹어도 먹어도 물리지 않는 클래식한 맛이지요. 윗면의 무늬는 왕의 마차 바퀴를 본뜬 것이라고 하는데, 디자인적으로 아름다울 뿐만 아니라 파이의 바삭한 식감 또한 한층 더 살려주는 요소입니다.

　이 과자는 프랑스에서 1월 초 에피파니(주현절)에 먹는 '갈레트 데 루아'와 닮았습니다. 겉모습뿐만 아니라 파이 반죽으로 크렘 다망드를 감싸 굽는다는 방식도 같지만 갈레트 데 루아는 조금 더 얇고 평평한 모습인 반면, 피티비에는 돔처럼 봉긋 부푼 모습이 특징입니다.

커피와의 궁합

이 과자는 파이 시트와 반들반들 코팅된 캐러멜, 고소함과 유분이 한데 모인 풍부하고 깊은 맛이 특징이기에 과자에 뒤지지 않는 커피다운 맛이 확실한 타입이 잘 어울립니다. 쌉쌀하면서 양도 풍부한 중강배전 커피와 매칭하는 것이 좋습니다. 로스팅한 아몬드의 견과류향도 중강배전부터 강배전까지 고루 잘 어울립니다. 과자를 먹고 커피를 마셔 서로의 맛이 합쳐지면서 생겨나는 감칠맛이 또 새로운 맛을 만들어내는 전형적인 매칭입니다.

BACH'S SELECTION

BEST ▶ **중강** 전반적으로 다 잘 어울림
BETTER ▶ **강** 전반적으로 다 잘 어울림

재료(지름 20cm 1개 분량)

파트 푀이테

(만들기 쉬운 분량. 1개 분량인 600g을 사용)

【 밀가루 반죽 】

버터(저수분, 무염)	50g
강력분	250g
박력분	250g
차가운 물	250g
소금	10g

버터(저수분, 무염, 충전용)	400g
덧가루(강력분)	적당량

크렘 다망드

버터(무염)	90g
슈거파우더	90g
전란	60g
아몬드 가루	90g
아마레토	18g
달걀액(장식용)	적당량
슈거파우더(장식용)	적당량

 ※ 파트 푀이테와 크렘 다망드를 만든다

- 파트 푀이테용 버터 모두 냉장고에 넣어 차게 식힌다. 차가운 물에 소금을 넣어 녹인다. 강력분과 박력분은 합쳐 두 번 체 친다.
- 크렘 다망드용 버터를 상온에 둔다. 전란은 풀어둔다. 아몬드 가루를 두 번 체 친다.

🕐 오븐 예열은 **200℃**

1

전날 파트 푀이테를 p.37~38의 요령으로 만든 다음, 냉장고에 넣어 하룻밤 휴지한다.

> 반죽한 당일 바로 구울 때는 최소 2~3시간 냉장고에 넣어 휴지합시다.

2

크렘 다망드를 p.43의 요령으로 만들고 냉장고에 넣어 하룻밤 휴지한다.

> 반죽한 당일 바로 구울 때는 최소 2~3시간 냉장고에 넣어 휴지합시다.

3

당일 ❶을 냉장고에서 꺼내 240g과 360g으로 나눠 자른다. 240g은 밀대로 가로세로 21cm, 두께 4~5mm로 밀어 바닥용으로 만든다. 360g은 가로세로 22cm, 두께 4~5mm로 밀어 윗면용으로 만든다. 비닐을 덮고 냉장고에 넣어 30분간 휴지한다.

4

❷를 냉장고에서 꺼내 상온에 둔다. 거품기로 크림 상태로 만들고 12mm 원형 깍지를 끼운 짤주머니에 채운다. 작업대에 유산지를 깔고 ❸의 바닥용 반죽을 펼친다. 둥근 그릇을 대고 지름 15cm와 20cm의 원형 자국을 낸다.

5

15cm의 원 안쪽에 ❹의 크렘 다망드를 소용돌이 모양으로 짜고 가운데 부분은 이중으로 짠다. 고무 주걱으로 표면을 다듬는다.

6

크렘 다망드 주위에 솔로 물을 바른다.

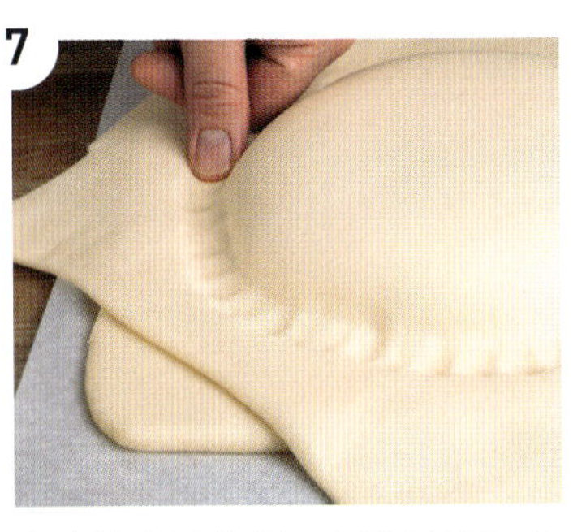

7

❸의 윗면용 반죽을 45° 돌려서 덮는다. 가운데부터 가장자리 방향으로 손바닥으로 살짝 눌러 공기를 빼고, 바닥용 반죽과 윗면용 반죽 가장자리를 손가락으로 세게 눌러서 꼼꼼하게 밀착시킨다. 냉장고에 넣어 30분간 차게 식힌다.

8

이음매 가장자리에 딱 맞는 원형 그릇(지름 약 20cm) 등을 덮어 가장자리를 패티 나이프 칼끝으로 잘라낸다.

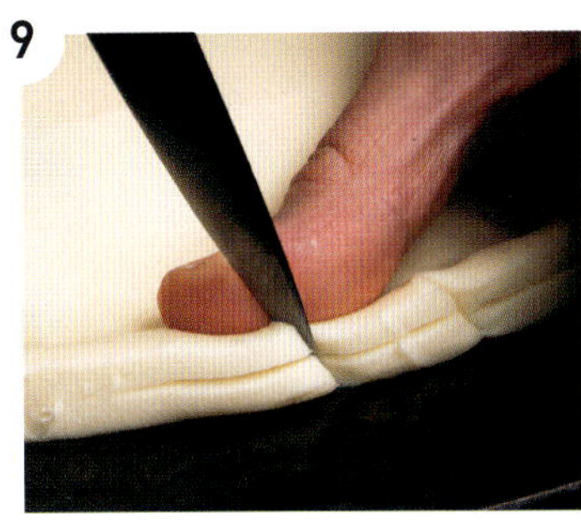

9

오븐팬에 올려 반죽 가장자리에 패티 나이프로 비스듬히 칼집을 넣어 국화 모양으로 만든다.

10

윗면에 솔로 달걀액을 바르고 패티 나이프로 가운데부터 바깥쪽을 향해 활을 그리듯이 줄기 무늬를 그려 넣는다. 줄기 무늬 위에 5~6곳 정도 증기가 빠져나갈 구멍을 만든다.

11

200℃로 예열한 오븐에 넣어 45~50분간 굽는다. 다 구워지면 오븐에서 꺼내 오븐 온도를 230℃로 올린다. 슈거파우더를 차망에 담아 골고루 뿌리고 오븐팬에 떨어진 슈거파우더를 깨끗이 닦아낸다.

12

오븐에 다시 넣고 6~7분간 가열해 겉면을 캐러멜리제한다. 오븐에서 꺼내 식힘망 위에 올려 그대로 식힌다.

advice

파트 푀이테 윗면용 반죽을 덮을 때 45° 돌리는 데는 이유가 있습니다. 전체를 고루 감쌀 수 있을 뿐만 아니라, 바닥용 반죽과 윗면용 반죽의 파이 층이 서로 다른 방향이 됨으로써 가열했을 때 전체가 고르게 부풀어 보기 좋은 모양으로 완성되기 때문입니다. 만드는 법 ❿에서 윗면용 반죽에 김이 빠져나가는 구멍을 뚫었는지 오븐에 넣기 전에 꼭 확인해주세요.

밀푀유

MILLE-FEUILLE

19세기경 프랑스에서 만들어진 과자로, '천 개의 잎'이라는 프랑스어 이름처럼 여러 겹으로 이루어진 파이 반죽이 낙엽처럼 아름답게 물든 모습을 표현한 것이라고 합니다. 카페 바흐에서는 파이 반죽에 슈거파우더를 듬뿍 뿌려 구워내, 캐러멜 풍미의 쌉쌀한 맛과 바삭한 식감을 더했습니다. 씹을 때마다 바삭하고 섬세하게 부서지는 파이 반죽과 럼주로 향을 낸 어른을 위한 맛의 크렘 파티시에르를 겹겹이 쌓은 심플한 스타일은 파이와 파티시에르의 맛이 그대로 드러나는 만큼, 정성껏 성실하게 만들고 싶은 과자입니다.

재료(8개 분량)

파트 푀이테
(만들기 쉬운 분량. 300g을 사용)

【 밀가루 반죽 】

버터(저수분, 무염)	50g
강력분	250g
박력분	250g
차가운 물	250g
소금	10g

버터(저수분, 무염, 충전용)	400g
덧가루(강력분)	적당량

크렘 파티시에르

달걀노른자	72g
그래뉴당	90g
박력분	30g
우유	300g
바닐라빈	1/4개 분량
럼주	13g
슈거파우더	적당량

밑준비

전날 ※ 파트 푀이테를 만든다

- 버터는 모두 냉장고에 넣어서 차게 식힌다.
- 강력분과 박력분은 합쳐 두 번 체 친다.
- 차가운 물에 소금을 넣어 녹인다.

오븐 예열은 **200℃**

커피와의 궁합

약	중	중강	강
×	×	◎	△

단맛, 농후함, 캐러멜리제의 쓴맛, 버터의 풍미가 고루 어우러진 과자이기에 커피도 이러한 요소가 균형 있게 포함된 중강배전이 가장 잘 어울립니다. 그중에서도 스파이시하고 바디감이 풍부한 타입과 매칭하면 감칠맛이 퍼집니다. 깔끔한 쓴맛과 고급스러운 산미, 화려한 향을 가진 강배전도 잘 어울리지만 강배전이라도 바디감이 있는 쓴맛을 지닌 이탈리안 로스팅과 매칭하면 크렘 파티시에르의 맛이 묻혀버립니다.

BACH'S SELECTION

BEST	**중강** 수마트라 만델링
BETTER	**강** 에티오피아 시다모 W **OTHER** **중강** 탄자니아

1

전날 파트 퓌이테를 p.37~38의 요령으로 만들고 냉장고에 넣어 하룻밤 휴지한다.

> 반죽한 당일 바로 구울 때는 최소 2~3시간 냉장고에 넣어 휴지합시다.

2

당일 ❶을 냉장고에서 꺼내 300g을 잘라낸다. 작업대에 유산지를 깔고 그 위에 반죽을 올려 밀대로 가로세로 30cm×40cm로 민 후 냉장고에 넣어 30분간 휴지한다. 냉장고에서 꺼내 파이롤러로 구멍을 낸다.

> 먼저 파이롤러를 가운데에서 위쪽으로 굴린 후, 가운데에서 아래쪽으로 굴리면 반죽 모양이 틀어지지 않고 작업하기도 수월합니다.

3

오븐팬에 분무기로 물을 뿌린 후 ❷를 올린다. 200℃로 예열한 오븐에 넣어 27~30분간 굽는다. 오븐에서 꺼낸 후 차망으로 슈거파우더를 빈틈없이 뿌린다.

4

다시 오븐에 넣고 6~8분간 구워 캐러멜리제한 후, 식힘망 위에 올린다.

5

크렘 파티시에르를 p.41의 요령으로 만든다(사진). 사용할 때 거품기로 휘저어 부드럽게 풀고 럼주를 조금씩 넣으며 고루 섞어 10mm 원형 깍지를 낀 짤주머니에 채운다.

6

❹를 작업대에 올리고 빵칼로 가장자리를 잘라낸다. 3등분으로 자른다. 너비 약 9cm의 3장이 만들어진다. 1장을 가로로 길게 두고 3.5cm 너비로 자른다.

> 가장 위에 올리는 파이용입니다.

7

작업대에 유산지를 깔고 ❻의 9cm 너비의 파이 시트를 1장 올려 ❺의 절반 분량을 짠다. 팔레트 나이프로 표면을 정돈한다. 9cm 너비의 파이 시트를 1장 올려 나머지 크림을 짜고 표면을 정돈한다.

8

3.5cm 너비로 자른 파이 시트를 원래 모양이 되도록 올린다. 흘러나온 크림을 닦아내고 맨 위쪽 파이 시트의 경계선에 빵칼을 넣어 한 조각씩 자른다.

advice

측면에 흘러나온 크림이 신경 쓰인다면 남은 파이 반죽을 잘게 부수고 그 가루를 묻히면 깨끗하게 커버할 수 있습니다.

쉬르프리즈

SURPRISE

친근한 슈크림일지라도 카페 바흐에서는 조금 색다른 스타일로 구워냅니다. 겉은 폭신하게 부풀어 오른 부드러운 슈 반죽과 와사삭 덧없이 부서지는 섬세한 파이 반죽의 콤비. 속에는 크림을 듬뿍 채워 넣어 이름 그대로 '놀라운' 과자입니다. 균형을 생각해 슈 반죽에 사용하는 수분인 물의 일부를 감칠맛 있는 우유로 바꾸었습니다. 크림은 파티시에르와 샹티이를 완전히 섞지 않는 것이 포인트로, 풍미가 짙으면서도 식감이 부드럽고 커피와 잘 어우러져 맛있게 즐길 수 있습니다.

커피와의 궁합

약	중	중강	강
×	×	◎	△

버터와 달걀, 생크림 맛이 농후하면서도 무겁지 않으며 의외로 섬세한 과자이기에 쓴맛이 강한 강배전과 바디감이 없는 약배전은 어울리지 않습니다. 커피다운 성분이 풍부한 중강배전의 블렌드가 과하게 쓰지도 않으면서 바디감이 있어서 과자와 균형이 잘 맞아 가장 잘 어울립니다. 과자에 없는 기분 좋은 쓴맛이 더해져 상승효과로 더욱더 맛있어집니다. 파이 반죽과의 매칭을 중요시한다면 똑같이 고소한 맛이 있는 타입이나 약간 스파이시하면서 균형이 좋은 타입인 중강배전을 추천합니다.

BACH'S SELECTION

BEST ▶ 중강 바흐 블렌드 **BETTER** ▶ 중강 과테말라 **OTHER** ▶ 중강 콜롬비아

재료(15개 분량)

파트 아 슈(30개 분량. 절반을 사용)

버터(무염)	110g
박력분	150g
우유	125g
물	125g
소금	3g
전란	240g

파트 푀이테(30개 분량. 절반을 사용)

【 밀가루 반죽 】

버터(저수분, 무염)	25g
강력분	125g
박력분	125g
차가운 물	125g
소금	5g

버터(저수분, 무염, 충전용)	200g
덧가루(강력분)	적당량

크렘 디플로마트

【 크렘 파티시에르 】

그래뉴당	188g
달걀노른자	170g
박력분	63g
우유	625g
바닐라빈	1/2개

【 크렘 샹티이 】

생크림(유지방 성분 40%)	250g
슈거파우더	20g
쿠앵트로	7g

슈거파우더(장식용)	적당량

밑준비

전날 ※ 파트 푀이테를 만든다
- 파트 푀이테용 버터는 모두 냉장고에 넣어 차게 식힌다.
- 차가운 물에 소금을 넣어 녹인다.
- 강력분과 박력분은 합쳐 두 번 체 친다.

당일
- 파트 아 슈용 버터를 냉장고에서 꺼내 1cm 크기로 깍둑썬다. 물과 우유를 합치고 소금을 넣어 녹인다. 박력분을 두 번 체 친다. 전란을 풀어둔다.
- 크렘 파티시에르용 바닐라빈 껍질은 세로로 갈라 씨를 긁어내고 껍질과 씨 모두 우유에 넣는다. 박력분을 두 번 체 친다.

 오븐 예열은 **200℃**

advice

파트 푀이테, 파트 아 슈 모두 적은 양으로 만들면 반죽 상태가 좋지 않기에 꼭 30개 분량으로 만들어주세요. 만드는 법 ❹의 반죽은 그대로 냉동보관도 할 수 있습니다. 사용할 때는 오븐팬에 올려 비닐을 덮고, 상온에 두었다가 같은 방법으로 구우면 됩니다.

➡ p.104로 이어짐

1

 파트 푀이테를 p.37~38의 요령으로 만든 다음, 냉장고에 넣어 하룻밤 휴지한다.

> 반죽한 당일 바로 구울 때는 최소 2~3시간 냉장고에 넣어 휴지합시다.

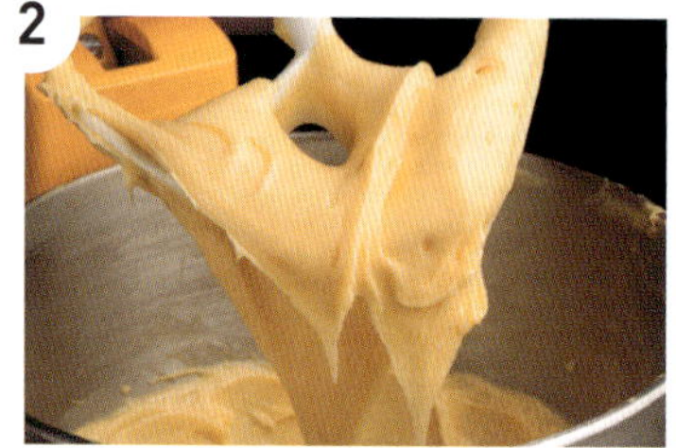

2

 ❶을 밀대로 두께 2mm로 밀고 냉장고에 넣어 30분간 휴지한다. 파트 아 슈를 p.35의 요령으로 만든다. 12mm 원형 깍지를 낀 짤주머니에 넣어 채운다.

3

❷의 파트 푀이테를 9cm 크기의 정사각형으로 자른다. 작업대에 작업판을 올리고 유산지를 깐다. 유산지에 정사각형으로 자른 파트 푀이테를 올린 후 그 위에 파트 아 슈를 20g씩 짜고 대각선끼리 모으듯이 접는다. 이음매를 손가락으로 살짝 눌러 파트 아 슈를 감싼다.

4

오븐팬에 ❸을 적당한 간격을 띄워 올리고 분무기를 뿌린다.

> 갓 구운 슈 반죽은 아주 뜨거우니 화상을 입지 않도록 반드시 오븐 장갑을 끼고 작업합시다.

5

200℃로 예열한 오븐에 넣어 32~33분간 굽는다. 10분 후에 오븐팬 1장을 바닥에 깐다. 다 구워지면 오븐 장갑을 끼고 식힘망 위에 올린다. 오븐 장갑을 끼고 뜨거울 때 젓가락 등으로 바닥에 구멍을 낸 다음 식힘망 위에 올려 식힌다.

6

크렘 파티시에르를 p.41의 요령으로 만든다.

7

볼에 생크림과 슈거파우더를 넣고 p.40의 요령으로 100%로 휘핑한 크렘 샹티이를 만든다. ❻을 거품기로 섞어 부드럽게 풀고, 크렘 샹티이 1/3 분량을 더해 고루 섞는다. 나머지 크렘 샹티이를 2~3회에 나눠 넣고 그때마다 부드럽게 섞는다. 쿠앵트로도 넣고 섞는다.

8

❼을 12mm 원형 깍지를 낀 짤주머니에 채운 후 ❺의 구멍에 깍지를 찔러 넣어 크림을 가득 채운다. 차망으로 슈거파우더를 뿌린다.

> 생크림이 드문드문 보이게끔, 완전히 섞이지 않게 해주세요.

파리 브레스트

PARIS-BREST

1891년에 열린 프랑스 파리-브레스트 왕복 자전거 경주를 기념하여 자전거 바퀴 모양을 본떠 만든 과자입니다. 실크처럼 부드러운 프랄리네 크림의 식감과 견과류와 버터의 풍부한 향을 즐기는 과자이기에, 슈 반죽에는 단맛을 더하지 않고 충분히 구워 가벼운 맛으로 완성합니다. 또한 슈는 2중으로 만들어서 크림이 너무 무겁게 느껴지지 않게끔, 맛있게 즐길 수 있도록 균형을 잡았습니다. 스타일은 물론, 단면 또한 독특합니다.

프랄리네 풍미의 달콤한 버터 크림과 충분히 구워 고소함을 극대화시킨 슈 반죽의 조합은 그것만으로도 이미 힘 있는 맛이기에, 마찬가지로 커피도 맛이 강한 게 좋습니다. 따라서 로스팅이 진행되어 견과류향이 증가하고 맛도 풍부해진 중강배전과 매칭하면 과자 맛도 더욱더 좋아집니다. 또한 강배전 중에서도 산뜻한 쓴맛이 있는 타입과 조합해 맛의 윤곽을 뚜렷하게 만드는 것도 좋습니다.

BACH'S SELECTION

재료(2개 분량)

파트 아 슈

버터(무염)	90g
전란	150g
달걀노른자	20g
박력분	120g
우유	100g
물	100g
소금	2g

프랄리네 풍미 버터 크림

버터(무염)	240g
프랄리네	120g

【 크렘 파티시에르 】

달걀노른자	60g
그래뉴당	75g
박력분	13g
커스터드파우더	13g
우유	250g
바닐라빈	1/3개

달걀액(전란)	적당량
아몬드슬라이스	적당량
우박설탕	적당량
슈거파우더(장식용)	적당량

밑준비

- 파트 아 슈용 버터를 냉장고에서 꺼내 1cm 크기로 깍둑썬다. 물과 우유를 합치고 소금을 넣어 녹인다. 박력분은 두 번 체 친다. 전란과 달걀노른자를 풀어 둔다.
- 프랄리네 풍미 버터 크림용인 버터와 프랄리네를 상온에 둔다.
- 바닐라빈 껍질은 세로로 갈라 씨를 긁어내고 껍질과 씨 모두 우유에 넣는다.

오븐 예열은 **200℃**

1 파트 아 슈를 p.35의 요령으로 만든다. 12mm 원형 깍지를 낀 짤주머니에 넣어 채운다.

2 오븐팬 2장에 버터(분량 외)를 얇게 바른다. 지름 21cm 분리형 파이틀의 테두리에 박력분(분량 외)을 묻히고 오븐팬에 찍어 원형 자국을 2개 만든다. 나머지 오븐팬 1장에도 같은 방법으로 원형 자국을 만든다. 오븐팬 1장에는 ❶을 안쪽과 바깥쪽에 원을 따라 한 줄씩 짠 다음, 그 위에 다시 한 줄을 더 짠다. 이것이 겉 반죽이 된다.

3 또 다른 오븐팬에는 원 안쪽을 따라 한 줄을 짠다. 이것이 속 반죽이 된다. 다른 1개분도 마찬가지의 방법으로 만든다.

4

양쪽 반죽에 달걀액을 솔로 바르고 겉 반죽에만 아몬드슬라이스와 우박 설탕을 흩뿌린다. 200℃로 예열한 오븐에 넣어 겉 반죽은 33분, 속 반죽은 22~24분간 굽는다. 오븐에서 꺼내 식힘망 위에 올려 식힌다.

5

크렘 파티시에르를 p.41의 요령으로 만든다. 사용할 때는 거품기로 섞어 부드럽게 만든다.

6

버터와 프랄리네를 스테인리스 스크래퍼로 섞어 ❺에 2~3회 나눠 넣고, 그때마다 잘 섞는다. 별 깍지(대)를 낀 짤주머니에 채운다.

가능하면 차갑고 단단한 대리석 작업대에서 작업해주세요. 재료가 녹아서 늘어지지 않고 매끄러운 상태로 섞을 수 있습니다. 대리석 작업대가 없다면 케이크 접시 등 평평한 곳에서 작업해주세요.

7

❹의 겉 반죽을 빵칼을 사용해 위에서 1/3 지점을 가로로 잘라내고, 아래 2/3 안쪽의 속을 파낸다. 케이크 접시에 올려 텅 빈 속에 ❻을 가득 짜 넣는다.

빵칼로 자르면 슈 반죽 모양을 그대로 유지할 수 있습니다.

8

❼에 속 반죽을 올리고 속 반죽 측면에 밑에서 위로 ❻의 크림을 짠다.

9

자를 때도 빵칼을 사용해 슈 반죽이 부서지지 않도록 주의합시다.

속 반죽 안쪽에도 같은 방법으로 밑에서 위로 ❻의 크림을 짜서 감싸듯이 완성한다. ❼에서 잘라낸 반죽을 올리고 차망으로 슈거파우더를 뿌린다.

피낭시에 오 쇼콜라

피낭시에

피낭시에 2종

2 FINANCIERS

모서리각이 또렷한 금괴를 본떠 만든 모양이 친근합니다. 태운 버터가 지닌 헤이즐넛 같은 풍미와 아몬드의 농후한 맛이 풍부한 구움과자입니다. 카페 바흐에서는 오렌지필로 악센트를 준 스탠더드 타입과 비터 초콜릿을 넣은 초콜릿 타입 두 가지를 만듭니다. 맛은 달라도 버터 풍미를 가장 중요시하는 점은 같습니다. 식감도 둘 다 촉촉합니다. 또한 피낭시에를 입에 머금고 설탕을 넣지 않은 진한 커피를 마시면 커피 맛이 부드러워져 정말이지 맛있습니다. 카페 바흐에서는 농후하게 추출해서 블랙으로 마시는 '카페 슈바르처'에 곁들여 내는 과자이기도 합니다.

커피와의 궁합	약	중	중강	강
	×	△	◎	△

버터의 풍미와 헤이즐넛향, 아몬드의 농후한 맛이 풍부한 과자이므로, 커피도 맛이 풍부한 중강배전과 매칭해 약간 쓴맛을 플러스하면 상승효과로 한층 더 맛있어집니다. 중강배전 중에서도 산미가 고급스러우면서도 강하지 않은 타입이 잘 어울립니다. 쓴맛이 강하지 않은 강배전도 추천합니다. 오렌지필의 향을 머금은 스탠더드 피낭시에는 농후하면서도 감귤류의 신선한 산미와 오렌지향이 있는 중배전 커피도 잘 어울립니다.

BACH'S SELECTION

BEST	중강 과테말라
BETTER	Var. 스탠더드에는 카페 슈바르처
	중강 쇼콜라에는 탄자니아
OTHER	중강 콜롬비아
	중 파나마 돈파치 티피카

재료(피낭시에틀 각 18개 분량)

▶ 피낭시에

버터(무염)	125g
달걀흰자	125g
그래뉴당	100g
흰설탕	23g
꿀	13g
박력분	50g
아몬드 가루	75g
오렌지필	적당량

▶ 피낭시에 오 쇼콜라

버터(무염)	100g
슈거파우더	130g
박력분	40g
아몬드 가루	60g
코코아파우더	15g
달걀흰자	120g
비터 초콜릿*	10g
꿀	10g
바닐라빈	1/3개
오렌지필	적당량

* 발로나 사의 엑스트라비터 61%를 사용한다.

피낭시에

FINANCIER

밑준비

 ※ 피낭시에 반죽을 만든다
- 박력분과 아몬드 가루를 합쳐 두 번 체 친다.
- 버터를 1cm 두께로 자른다.

- 피낭시에틀에 솔로 버터(분량 외)를 바르고 냉장고에 넣어 차게 식힌다.
- 오렌지필을 얇게 채 썬다.

전날 반죽을 만든다. 먼저 태운 버터를 만든다. 냄비에 버터를 넣어 나무 주걱으로 휘저으면서 중간 불로 가열한다. 잔거품이 생기고 갈색으로 변하면 불을 끈다. 냄비째 차가운 물에 담가 더 타지 않도록 하고 차망에 거른다.

> 태운 버터를 사용하면 더 고소하고 고운 황금색으로 구움색을 낼 수 있습니다.

볼에 달걀흰자를 넣고 거품기로 푼다. 흰설탕과 그래뉴당을 넣어 섞고 중탕으로 설탕을 녹인 후 꿀을 섞는다. 중탕을 끝내고 가루류 1/3 분량을 넣어 고루 섞는다. 나머지 가루류도 넣어 충분히 섞는다.

❷에 ❶의 1/3 분량을 넣어 고루 섞는다.

나머지 태운 버터도 넣어 섞은 후 고무 주걱으로 균일한 상태가 되도록 마무리한다. 비닐을 덮고 냉장고에 넣어 하룻밤 휴지한다.

> 하룻밤 휴지하면 안정된 상태로 구울 수 있습니다. 반죽한 당일 바로 구울 때는 최소 2~3시간 냉장고에 넣어 휴지합시다.

advice

겉은 바삭하고 속은 촉촉한 식감으로 완성하기 위해서는 굽기 직전까지 반죽을 차게 식히는 것이 포인트입니다. 반죽이 차가우면 반죽의 겉과 속에 열이 가해지는 시간차가 생겨 겉에 구움색이 나며 노릇해질 때쯤 속이 익기 시작합니다. 수분이 날아가 바삭한 식감의 겉면과 촉촉한 속, 이러한 식감의 차이가 피낭시에의 매력입니다.

오븐 예열은 **180℃**

당일 ❹를 냉장고에서 꺼내 고무 주걱으로 섞어 부드럽게 푼다.

15mm 원형 깍지를 끼운 짤주머니에 채워 피낭시에틀에 80% 정도 짜 넣는다.

7

10~15분간 상온에 두었다가 틀을 작업대에 살짝 쳐서 반죽을 정돈한 다음 오렌지필을 올린다. 오븐팬에 간격을 띄워 나열한다.

8

❼을 180℃로 예열한 오븐에 넣어 16~17분간 굽는다. 가장자리에 진한 구움색이 나고 표면이 노릇노릇해지면 완성이다. 오븐 장갑을 끼고 틀에서 꺼내 식힘망 위에 올려 그대로 식힌다.

피낭시에 오 쇼콜라

FINANCIER AU CHOCOLAT

🕐 오븐 예열은 **200℃**

> 피낭시에 오 쇼콜라 반죽은 안정적이어서 휴지할 필요가 없기에 반죽을 만든 당일 바로 굽는다.

1 '피낭시에' 만드는 법 ❶의 요령으로 태운 버터를 만든다.

2 볼에 체 친 가루류를 먼저 넣고 달걀흰자를 한 번에 넣은 후 거품기로 천천히 섞는다. 녹인 비터 초콜릿도 고루 섞어 균일한 상태로 만든다. 꿀, 바닐라빈 씨를 넣어 섞는다.

3 ❶의 1/3 분량을 ❷에 넣어 거품기로 고루 섞는다. 나머지도 섞은 후, 고무 주걱으로 바꿔 균일한 상태로 정돈한다.

4 ❸을 12mm 원형 깍지를 끼운 짤주머니에 채워 피낭시에틀에 80% 정도 짜 넣는다. 틀을 작업대에 살짝 쳐서 반죽을 정돈하고 오렌지필을 올린다.

5 오븐팬에 간격을 띄워 나열하고 200℃로 예열한 오븐에 넣어 12~13분간 굽는다. 다 구워지면 틀에서 꺼내 식힘망 위에 올려 그대로 식힌다.

밑준비

당일

- 슈거파우더, 박력분, 아몬드 가루, 코코아파우더를 합쳐 두 번 체 친다.
- 바닐라빈 껍질은 세로로 갈라 씨를 긁어낸다.
- 버터를 1cm 두께로 자른다.
- 굵게 다진 비터 초콜릿을 작은 볼에 담고 중탕(60℃)으로 녹인다.

팽 드 젠

PAIN DE GÊNES

일반적으로는 농후한 제누아즈 반죽을 커다란 틀에 부어 심플하게 구운 것을 가리키지만, 카페 바흐에서는 지름 7cm로 작게 만듭니다. 제누아즈와 쉬크레, 두 가지 반죽을 조합하여 프랑부아즈잼을 숨겨놓고 마지막에 럼주 풍미의 글라스 아 로(아이싱)를 입힌, 작지만 맛이 꽉 찬 과자로 완성합니다. 경쾌하게 부서지는 쉬크레 반죽과 촉촉한 제누아즈가 합쳐져 깊은 맛이 더해지고, 여기에 베리의 새콤달콤함이 맛에 변화를 주기에 결코 단순하지 않은 맛을 선사합니다.

커피와의 궁합	약	중	중강	강
	△	◎	◎	◎

농후한 반죽과 섬세한 식감, 새콤달콤함 등 복합적인 맛이 하나로 어우러진 과자이기에 마찬가지로 커피도 맛이 풍부한 중강배전과 조합하면 맛에 일체감이 생겨 한층 더 다양한 맛을 즐길 수 있습니다. 그중에서도 스파이시하고 베리 계열의 산미가 있으면서 단맛도 있는 타입을 추천합니다. 상쾌한 쓴맛이 있는 강배전 또한 맛에 강약이 생겨 과자의 윤곽이 또렷해집니다.

BACH'S SELECTION

BEST ▶ 중강 수마트라 만델링   **BETTER** ▶ 강 인디아
OTHER ▶ 중강 콜롬비아, 과테말라

재료(지름 7cm 밀라송틀 10개 분량)

파트 쉬크레
(10개 분량. 절반을 사용)

버터(무염)	150g
슈거파우더	75g
전란	25g
달걀노른자	20g
박력분	250g
덧가루(강력분)	적당량

파트 아 제누아즈

전란	90g
그래뉴당	75g

【 가루류 】

┌ 아몬드 가루	75g
│ 박력분	20g
└ 콘스타치	20g
버터(무염)	30g
프랑부아즈잼	70~80g

글라스 아 로

슈거파우더	150g
물	15~18g
럼주	10g

밑준비

전날 ※ 파트 쉬크레를 만든다
- 버터를 1cm 두께로 잘라 상온에 둔다.
- 전란과 달걀노른자는 합쳐 풀어둔다.
- 박력분을 두 번 체 친다.

당일
- 프랑부아즈잼을 체에 내린다.
- 파트 아 제누아즈용 버터를 1cm 크기로 깍둑썬다.
- 가루류를 합쳐 두 번 체 친다.

 오븐 예열은 180℃

1

전날 파트 쉬크레를 p.31을 참조해서 만들고 냉장고에 넣어 하룻밤 휴지한다.

반죽한 당일 바로 구울 때는 최소 2~3시간 냉장고에 넣어 휴지합시다.

신속하되 정성스럽게 누릅니다. 부드러워지면 식감이 좋게 구워지지 않으므로 주의하세요.

2

당일 ❶을 냉장고에서 꺼내 절반 분량을 덜어내고 밀대로 가볍게 두드린다. 작업대에 덧가루를 뿌리고 밀대를 앞뒤로 굴리면서 반죽을 2.5mm 두께로 민다. 지름 10cm 원형틀로 10장을 찍어낸다. 밀라송틀에 넣고 틀 바닥 가장자리를 엄지손가락으로 눌러 공기가 들어가지 않도록 하면서 빈틈없이 채운다. 냉장고에 넣어 30분간 휴지한다.

3

❷를 냉장고에서 꺼내 가장자리에 삐져나온 반죽은 스크래퍼를 비스듬히 대고 안쪽이 높아지게끔 경사지게 깎아낸다. 다시 냉장고에 넣어 30분간 휴지한다.

안쪽이 높아지게 비스듬히 깎아내야 파트 아 제누아즈를 넣어 구웠을 때 부풀어 오른 반죽이 흘러넘치지 않고 깔끔하게 완성됩니다.

4

파트 아 제누아즈를 p.27의 요령으로 만든다. 이때, 슈거파우더는 한 번에 넣는다. 15mm 원형 깍지를 낀 짤주머니에 채운다.

이 배합은 쉽게 섞이기 때문에 가루류는 한 번에 넣어 재빨리 섞습니다. 과하게 섞지 않도록 주의합시다.

5

❸을 냉장고에서 꺼내 프랑부아즈잼을 숟가락으로 각각 7~8g씩 올리고, ❹를 90% 정도 차도록 짜 넣는다.

틀에 가득 채우면 가열했을 때 부풀어 올라 흘러넘치니 90%까지만 채웁니다.

6

180℃로 예열한 오븐에 넣어 28~30분간 굽는다. 오븐 장갑을 끼고 틀에서 꺼내 식힘망에 올려 식힌다. 슈거파우더에 조금씩 물을 넣으면서 고무 주걱으로 페이스트 상태로 만들고 럼주도 조금씩 넣으면서 글라스 아 로를 만든다. 한 김 식으면 윗면에 글라스 아 로를 솔로 균일하게 바르고 그대로 말린다.

반죽이 완전히 식기 전에 발라야 고르게 발라져서 예쁘게 완성할 수 있습니다.

advice

만드는 법 ❸에서 반죽 가장자리를 안쪽이 높아지게끔 경사지게 깎아내면 가열했을 때 부풀어 오르는 파트 아 제누아스가 넘지지 않고 깔끔하게 구울 수 있습니다. 마찬가지로 만드는 법 ❺에서 파트 아 제누아즈를 틀 가득 채우지 않도록 합시다.

다쿠아즈

DACQUOISE

바삭, 폭신, 섬세한 식감인 다쿠아즈 시트에 달콤하고 농후한 크림을 샌드한 과자입니다. 견과류의 풍미 그대로를 먹는 듯한 머랭 반죽과 피스타치오의 풍미가 잘 배인 버터 크림이 입안에서 서로 섞였을 때의 맛은 각별하지요. 살짝 눈이 내린 듯한, 어딘지 모르게 화과자 분위기가 감도는 과자랍니다.

커피와의 궁합	약	중	중강	강
	×	△	◎	◎

전체적으로는 가벼운 식감이지만 크림에 버터와 달걀노른자, 피스타치오의 오일감이 충분히 살아 있어 어느 정도 바디감 있는 커피와 매칭하는 것이 좋습니다. 꽤 달기 때문에 쓴맛이 있는 커피도 잘 어울리지만, 맛의 요소가 너무 복잡하지 않은 커피가 과자 윤곽을 또렷하게 만들어줍니다. 중강배전은 대부분 잘 어울리지만, 쓴맛이 있으면서 산미가 느껴지는 부드러운 타입이 가장 잘 어울립니다.

BACH'S SELECTION

BEST 　중강　파푸아뉴기니
BETTER 　강　페루

재료(12개 분량)

다쿠아즈 반죽

그래뉴당	34g
달걀흰자	167g
박력분	13g
아몬드 가루	105g
헤이즐넛 가루	21g
슈거파우더	125g

피스타치오 풍미의 버터 크림

버터(무염)	120g
피스타치오 페이스트	27g

【 파트 아 봄브 】

그래뉴당	60g
물	30g
달걀노른자	24g

슈거파우더	적당량
피스타치오(장식용)	6개

밑준비

- 다쿠아즈 반죽용 박력분, 아몬드 가루, 헤이즐넛 가루, 슈거파우더를 합쳐 두 번 체 친다.
- 크림용 버터를 1cm 두께로 잘라 상온에 둔다.
- 피스타치오를 길게 반으로 자른다.

 오븐 예열은 **190℃**

1

다쿠아즈 반죽을 만든다. 믹서볼에 달걀
흰자를 넣고 와이어 휘퍼와 함께 스탠드
믹서에 세팅한다. 저속으로 섞다가 그래
뉴당 1/3 분량을 넣어 고속, 중속, 저속으
로 속도를 바꾸며 휘핑하다가, 묵직해지
면 그래뉴당 1/3 분량을 넣고 같은 방법
으로 휘핑한다.

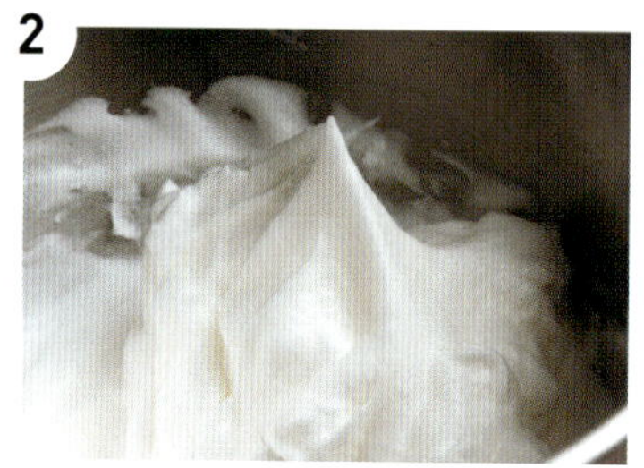

2

와이어 휘퍼를 들어 올렸을 때 달걀흰자
에 휘퍼 자국이 남을 정도가 되면 나머지
그래뉴당 1/3 분량을 넣고 단단하게 휘핑
해 윤기 있고 폭신한 머랭을 만든다.

3

믹서볼을 작업대로 옮겨 가루류의 1/3 분
량을 넣고 고무 주걱으로 가볍게 섞는다.
날가루가 남아 있을 때 나머지를 한 번에
넣고 가볍게 섞는다. 20mm 원형 깍지를
낀 짤주머니에 채운다.

4

작업대에 테프론시트를 깔고 다쿠아즈틀
을 물에 담가 틀 안쪽을 적신 다음, ❸을
24개 분량으로 나눠 짠다.

5

틀을 분리하고 반죽 12개에 반으로 자른
피스타치오를 1개씩 올려 장식한다. 모든
반죽에 차망으로 슈거파우더를 듬뿍 뿌
리고 그대로 상온에 두었다가, 슈거파우
더가 녹으면 한 번 더 뿌린다.

6

테프론시트째 오븐팬 위에 올려 190℃로
예열한 오븐에 넣고 17~18분간 굽는다.

7

작업판 위에 유산지를 깔고 그 위에 뒤집
는다. 테프론시트를 벗겨내고 윗면이 위
로 향하게 식힘망 위에 올려 식힌다.

8

파트 아 봄브를 만든다. 냄비에 물과 그래
뉴당을 넣고 중간 불로 끓여 그래뉴당을
녹이고, 113~115℃가 될 때까지 가열한다.
동시에 ❾의 작업도 시작한다.

9

스탠드 믹서에 믹서볼과 와이어 휘퍼를
세팅한다. 달걀노른자를 넣어 중속으로
섞으면서 ❽을 조금씩 넣는다.

10

다 넣으면 속도를 고속으로 높여, 뽀얗고 묵직하게 바뀌고 믹서 자국이 줄 모양으로 남을 때까지 휘핑한다. 중속으로 낮춰 상온이 될 때까지 섞으면서 식힌다.

11

피스타치오 풍미의 버터 크림을 만든다. 다른 믹서볼에 버터를 넣어 와이어 휘퍼와 함께 스탠드 믹서에 세팅하고 고속으로 섞어서 균일한 크림 상태로 만든다.

12

피스타치오 페이스트를 2~3회 나눠 넣고 그때마다 고루 섞는다.

13

⓬에 ⓾의 1/3 분량을 더해 저속, 중속 순으로 고루 섞는다. 나머지를 2회로 나눠 넣고 중속으로 균일하게 섞는다. 18mm 원형 깍지를 낀 짤주머니에 채운다.

버터 크림 상태가 너무 묽은 것 같으면 냉장고에 넣어 약 30분간 차게 식힌 후에 짤주머니에 채워주세요.

14

작업판에 유산지를 깔고 ❼의 피스타치오를 올려 구운 시트(윗면용 시트)는 위를 향하게 두고, 피스타치오가 없는 밑면용 시트는 뒤집어 두 개가 한 쌍이 되도록 나열한다. 밑면용 시트에 ⓭을 약 5mm 두께로 짜고 윗면용 시트를 얹는다. 냉장고에 넣어 30분간 차게 식힌다.

advice

다쿠아즈틀이 없다면 종이에 타원형을 그리고 그 위에 유산지를 올려 반죽을 짜도 좋습니다. 물론 타원이 아닌 다른 모양으로 짜도 됩니다.

부터쿠헨

BUTTERKUCHEN

독일어로 '버터 구움과자'라는 의미로 식빵처럼 가벼운 이스트 반죽에 버터와 아몬드슬라이스, 그래뉴당을 올려 구워내는, 마치 버터 슈거 토스트처럼 부드러운 맛이 나고 간식처럼 즐길 수 있는 디저트입니다. 반죽 하는 시간도 발효 시간도 짧으며 바트를 틀처럼 사용하기에 만들기 수월합니다. 버터와 설탕을 듬뿍 사용 하기에 반죽에 레몬제스트를 넣어 상큼한 풍미를 추가해 식감이 무겁지 않게 완성했습니다.

커피와의 궁합				BACH'S SELECTION
약	중	중강	강	**BEST** ▶ 중강 바흐 블렌드
×	×	◎	△	**BETTER** ▶ Var. 카페오레

이 과자의 주재료인 이스트 반죽, 아몬드, 설탕, 버터는 모두 커피와 잘 어울리는 요소입니다. 그야말로 커피를 위해 태 어난 과자라고 해도 될 정도랍니다. 단, 구움색이 진하지 않기에 그다지 쓰지 않은 커피를 매칭하는 게 좋습니다. 빵에 가까운 과자이니 매일 마셔도 질리지 않을 만큼 균형이 잘 잡힌 블렌드가 가장 좋습니다. 과자가 달고 건조한 맛이므 로 2잔 분량을 커피포트에 담아 넉넉한 양으로 서비스하는 것을 추천합니다. 다정한 맛이기에 카페오레와도 잘 어울립 니다.

재료(30cm×23cm×3.5cm 바트 1개 분량)

반죽

버터(무염) ···················· 50g

A
- 프랑스 밀가루 ·············· 250g
- 그래뉴당 ···················· 50g
- 소금 ························· 4g
- 인스턴트 드라이 이스트 ········ 4g
- 레몬제스트 ················ 적당량

B
- 달걀노른자 ················· 40g
- 우유 ························ 100g

덧가루(강력분) ·············· 적당량

버터(무염, 장식용) ············· 50g
그래뉴당(장식용) ·············· 50g
아몬드슬라이스(장식용) ········· 50g

밑준비

- 프랑스 밀가루를 두 번 체 친다.
- 우유를 상온(20℃)으로 맞추고 달걀노른자를 풀어 넣고 섞는다.
- 바트와 볼에 버터(분량 외)를 얇게 발라 둔다.

 오븐 예열은 **190℃**

흔히 사용하는 바트를 틀 대용으로 쓸 수 있는 데다 발효 시간도 비교적 짧기에 언제든지 가벼운 마음으로 만들 수 있는 간식빵입니다. 토핑으로 과일을 올리는 등, 얼마든지 다양하게 응용할 수 있습니다.

1

믹서볼에 **A**를 넣어 거품기로 휘휘 섞고, **B**를 넣는다.

2

스탠드 믹서에 ❶과 후크를 세팅하고 저속으로 1~2분간 섞는다. 날가루가 조금 남아 있는 상태에서 버터를 밀대로 두드려서 조금씩 넣는다.

3

반죽이 볼 측면에 붙지 않을 때까지 4분 정도 섞는다. 한 덩어리로 만들고 비닐을 덮어 따뜻한 실내(30℃ 전후)에 40~50분간 그대로 둔다(1차 발효).

글루텐이 형성되기 전에 버터를 섞기 때문에 식감이 좋은 발효 반죽으로 완성됩니다.

4

작업대에 덧가루를 뿌리고 ❸을 올려 밀대로 평평하게 민다. 바트에 넣고 손으로 반죽을 늘려서 가장자리와 모서리까지 빈틈없이 채운다. 평평하게 되면 손가락으로 일정한 간격의 구멍을 낸다.

구멍을 내야 평평하게 구워집니다.

5

장식용 버터를 부드럽게 만들고 12mm 원형 깍지를 낀 짤주머니에 채워 반죽 위에 사선으로 골고루 짜고 주걱으로 편다.

말랑한 버터를 손으로 찢어서 전체에 뿌려도 상관없습니다.

6

반죽 전체에 그래뉴당의 절반 분량, 아몬드슬라이스, 나머지 그래뉴당 순으로 뿌리고 비닐을 덮어 상온에서 40분간 그대로 둔다(최종 발효). 190℃로 예열한 오븐에 넣어 20·25분간 굽는다. 바트에 넣어 둔 채 한 김 식히고 4cm×9cm 크기로 자른다.

누스보이겔

NUSSBEUGEL

'구부러진 견과류 과자'라는 의미의 독일 과자로, 바삭하게 부서지는 발효 반죽 속에 견과류와 건포도, 꿀 등의 재료가 들어 있는 모습은 마치 중국의 월병과도 닮았습니다. 초승달 모양으로 만들어 달걀액을 세 번 발라 굽기 때문에 노릇노릇한 구움색에 금이 간 것처럼 갈라진 무늬가 생기는 것도 특징입니다. 소박하면서도 진한 맛, 입안에서의 '곰실곰실' 드라이한 식감은 커피와 함께 먹기에 찰떡궁합입니다. 핑거푸드처럼 손으로 집어 먹을 수 있어 커피잔에 곁들여 내도 좋습니다.

커피와의 궁합

약	중	중강	강
×	△	◎	△

월병처럼 속에 재료를 채운 과자는 입안에서 한꺼번에 퍼지는 맛과 향을 즐기는 것이 매력 포인트입니다. 누스보이겔은 쉽게 부서지는 이스트 반죽에서 흘러나오는 헤이즐넛, 건포도, 시나몬, 꿀 등이 일체화한 농후한 감칠맛을 맛볼 수 있기 때문에 커피도 동일하게 맛의 요소가 다양하게 들어 있는 중강배전 커피가 잘 어울립니다. 특히 향이 짙은 블렌드 커피나 스파이시한 향이 있는 커피를 추천합니다. 직화식 에스프레소 특유의 까끌거리는 텁텁함이 소박한 디저트와 잘 어울리지만, 기계식 에스프레소는 맛이 너무 진해서 어울리지 않습니다.

BACH'S SELECTION

BEST ▶ 중강 바흐 블렌드　**BETTER** ▶ 중강 수마트라 만델링

밑준비

- 버터는 두께 1cm로 잘라 상온에 둔다. 프랑스 밀가루를 두 번 체 친다. 우유를 상온 상태(20℃)로 만든 후 달걀노른자를 풀어 넣고 섞는다.
- 바닐라빈 껍질은 세로로 갈라 씨를 긁어낸다.
- 덧칠용 달걀노른자에 소량의 우유(분량 외)를 넣어 농도를 조절한다.

 오븐 예열은 **200℃**

1

믹서볼에 **A**를 넣고 섞는다. **B**를 넣고 후크와 함께 스탠드 믹서에 세팅한다. 저속으로 섞어 한 덩어리로 만든다. 비닐을 덮어 상온에서 약 30분간 휴지한다.

2

속재료를 만든다. 볼에 케이크 크럼을 넣고 바닐라빈 씨, 레몬제스트, 시나몬파우더를 넣어 거품기로 고루 섞는다. 나머지 재료도 넣어 섞는다.

3

❷를 20g씩 분할해 작업대에 올리고 손으로 앞뒤로 둥글려서 약 9cm 길이의 막대 모양으로 만든다.

4

❶을 30g씩 분할해 작업대에 올리고 손으로 둥글린 후 밀대로 밀어 타원형으로 편다. ❸을 가운데에 올리고 주위에 달걀액을 솔로 바른다.

5

감싸듯이 모으고 손가락으로 꼬집어 꼼꼼하게 붙인다.

6

초승달 모양으로 구부린다. 오븐팬에 일정한 간격으로 띄워 올리고 표면에 달걀노른자액을 솔로 두 번 바른다. 냉장고에 넣어 30분간 휴지해 겉면을 말린다.

> ❺의 이음매 부분이 아래로 가도록 내려놓습니다.

7

❻을 냉장고에서 꺼내 달걀흰자를 솔로 바르고 200℃로 예열한 오븐에 넣어 13~15분간 굽는다.

> 차가운 반죽을 뜨거운 오븐에 넣으면 반죽이 급격히 부풀어 올라 덧칠한 달걀액에 금이 간 것처럼 갈라진 무늬가 생깁니다.

 **advice**

이 과자는 토스터에 살짝 데우면 안에 채운 시나몬향이 살아나 더욱더 맛있게 먹을 수 있습니다. 또한 구운 후에도 냉동보관할 수 있기에 시간이 있을 때 넉넉히 만들어두면 든든합니다.

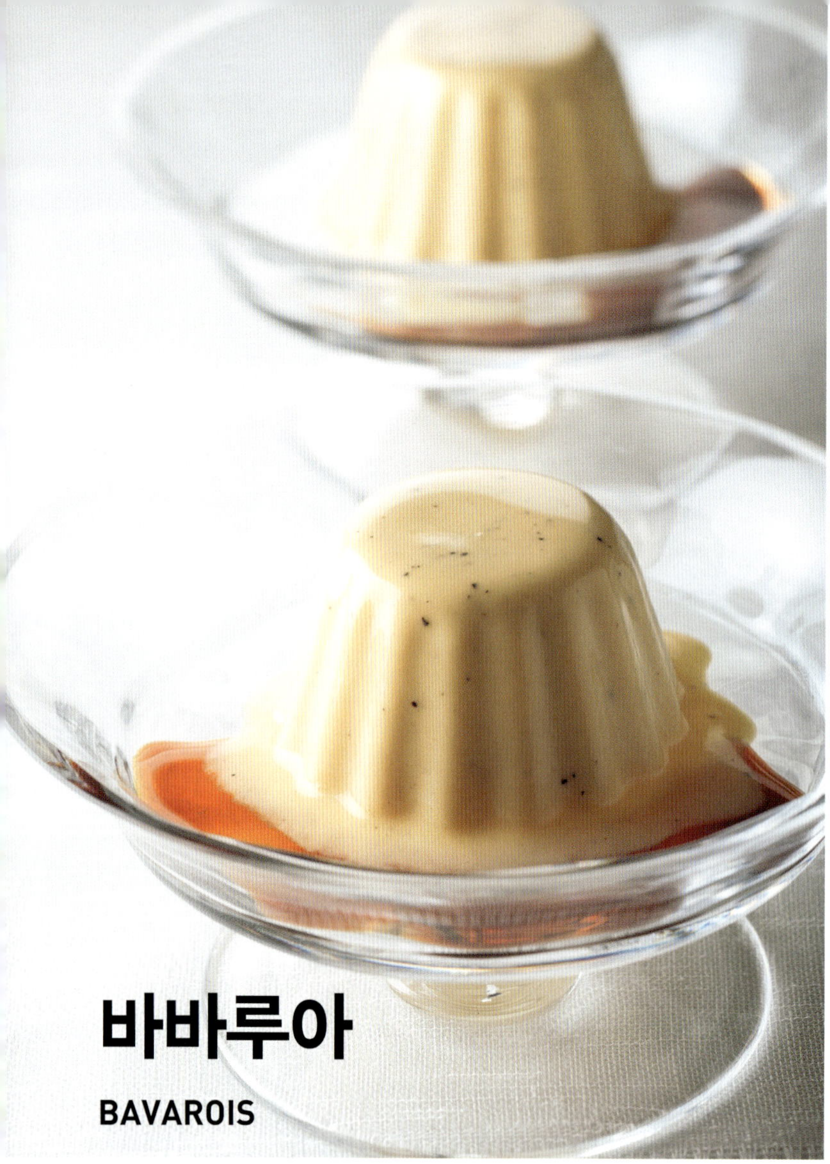

바바루아

BAVAROIS

재료(바바루아 소형틀 6개 분량)

바바루아

달걀노른자	60g
그래뉴당	60g
우유	260g
원두(강배전)*	15g
바닐라빈	1/4개
판 젤라틴	5g
생크림(유지방 성분 40%)	50g

커피 풍미의 캐러멜 소스

미지근한 물	75g
그래뉴당	50g
원두(강배전)*	25g
브랜디	소량

* 카페 바흐의 강배전 블렌드 '이탈리안 블렌드'를 사용한다.

밑준비

- 바닐라빈 껍질은 세로로 갈라 씨를 긁어낸다.
- 원두는 모두 굵게 간다.

달걀노른자와 우유에 바닐라향을 입힌 크렘 앙글레즈를 부드럽게 굳힌, 차가운 디저트의 대표 메뉴로, 여기에 원두향을 더하는 게 바흐 스타일입니다. 캐러멜 소스도 커피 풍미로 만들어 맛에 깊이를 더해 아이들 간식이 아니라 어른들도 즐길 수 있는 맛으로 완성했습니다. 커피는 강배전을 사용합니다. 유제품과 매칭할 때는 쓴맛이 충분히 나면서 산미가 적은 강배전 커피를 선택하는 게 철칙입니다.

커피와의 궁합

약	중	중강	강
×	×	◎	◎

BACH'S SELECTION

BEST 중강 파푸아뉴기니

BETTER 강 페루

매끄럽고 촉촉한 이 디저트는 혀 위에서 천천히 녹기 때문에 의외로 뒷맛이 오래도록 남습니다. 맛도 달걀과 우유, 생크림 등이 농후하기에, 커피는 그 단맛과 크림도 씻어내는 듯한 느낌으로 고르자면 쓴맛이 강하면서 맛의 요소가 적고, 상쾌하면서 바디감이 약한 타입이 좋습니다. 풍성하고 진한 커피는 너무 무겁고, 산미가 강한 커피는 유제품과 궁합이 좋지 않습니다.

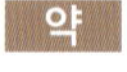

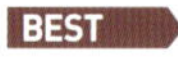

1 바바루아를 만든다. 볼에 달걀노른자를 넣고 거품기로 푼다. 그래뉴당을 넣고 밝은색이 될 때까지 잘 섞는다.

2 냄비에 우유를 넣고 굵게 간 원두와 바닐라빈 껍질, 씨를 넣어 한소끔 끓인다. 체에 거르면서 ❶에 넣어 고루 섞는다.

3 판 젤라틴을 얼음물에 담가 불린다. ❷를 냄비에 넣어 중간 불에 올리고 나무 주걱으로 섞으면서 83℃가 될 때까지 끓인다. 불을 끄고 체에 거르면서 볼에 넣는다. 물기를 제거한 판 젤라틴을 넣어 섞는다. 얼음물 위에 올리고 고무 주걱으로 섞으면서 30℃ 전후로 식힌다.

4 다른 볼에 생크림을 넣고 얼음물 위에 올려 거품기로 60~70% 휘핑한다. ❸에 1/3 분량을 넣고 잘 섞는다.

5 나머지 생크림을 2회에 나눠 넣고 부드럽게 섞는다. 다시 생크림 볼에 옮겨 잘 섞는다.

6 바바루아틀을 물에 적셔서 바트에 올리고 ❺를 국자로 80%까지 차게 붓는다. 냉장고에 넣어 4시간 차게 굳힌다.

7 캐러멜 소스를 만든다. 냄비에 그래뉴당 1/3 분량을 넣고 중간 불에 올려 나무 주걱으로 섞으면서 가열하여 녹인다. 같은 방법으로 2회 반복한다. 캐러멜색이 되면 불을 끄고 미지근한 물을 넣는다.

8 다시 불을 켜서 시럽 상태가 되면 굵게 간 원두를 더해 한소끔 끓인다. 체에 걸러 브랜디를 넣고 식힌다. ❻을 그릇에 담고 캐러멜 소스를 뿌린다.

advice

바닐라빈이 한쪽으로 뭉쳐 있는 바바루아를 본 적 없나요? 반죽을 완성한 후 일단 다른 볼에 옮겨 담고 거품기로 섞으면 바닐라빈이 반죽 전체에 고루 퍼집니다. 반죽 아래위를 뒤집는 것을 '반죽 뒤집기'라고 합니다.

크리스마스 과자, 슈톨렌에 도전!

STOLLEN

순백의 강보에 싸인 아기 예수의 모습을 본떠서 만들었다고 하는, 크리스마스 이미지가 강한 과자이지만 본고장인 독일 제과점에서는 겨울철 내내 만드는 아주 일상적인 과자입니다. 이스트 반죽의 풍미와 로마지팬의 깊은 맛, 절여서 짙은 향이 감도는 건과일, 그리고 향신료향이 풍부하기 때문에 1.5cm 두께로 잘라 먹는 게 맛있습니다. 보송보송 부드러운 식감과 겉면에서 느껴지는 녹인 버터의 풍미, 아낌없이 넣은 바닐라슈거도 맛의 포인트로 작용합니다. 만들어서 바로 먹는 것보다 4~5일 후에 먹는 편이 더욱더 맛있게 먹을 수 있는 방법입니다.

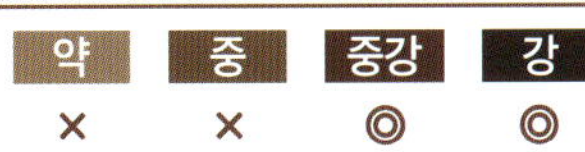

커피와의 궁합

약	중	중강	강
×	×	◎	◎

이스트를 사용한 빵 반죽이지만 과일 케이크 느낌도 나서 간식으로도 좋고, 가벼운 식사로 즐길 수도 있습니다. 맛의 요소가 복잡한 데다 풍부하기에 심플한 맛인 커피나 부드럽고 산미가 있는 약배전 혹은 중배전 커피와는 어울리지 않고, 깊은 맛과 감칠맛이 풍부한 중강배전과 매칭하면 서로의 맛을 살려주기 때문에 맛과 향이 훨씬 풍부해집니다. 일상적인 과자이기에 매일 마시고 싶어지는 균형이 잘 잡힌 중강배전 블렌드도 잘 어울립니다. 스파이시한 맛의 커피와 매칭해서 상승효과를 노려보는 것도 좋습니다.

BACH'S SELECTION

BEST	중강	바흐 블렌드
BETTER	중강	수마트라 만델링
OTHER	강	에티오피아 시다모, 인디아

재료
(23cm×10cm×6cm 슈톨렌틀 2개 분량)

안자츠(스타터)

프랑스 밀가루	73g
우유	73g
인스턴트 드라이 이스트	8.8g

크리밍 반죽

버터(무염)	145g
달걀노른자	18g
그래뉴당	36g
로마지팬*	58g
카르다몸(파우더)	2작은술
넛맥(파우더)	3작은술
프랑스 밀가루	290g
소금	4.5g

양주에 절인 건과일
(만들기 쉬운 분량. 394g을 사용)

건포도	145g
살타나 건포도	145g
오렌지필(다진 것)	60g
레몬필(다진 것)	30g
브랜디(V.S.O.P)	60g
럼주(3년산, 7년산)	각 25g
그랑마르니에	15g
바닐라빈	1/4개
덧가루(강력분)	적당량
녹인 버터(무염)	250g
슈거파우더(장식용)	적당량

바닐라슈거
(만들기 쉬운 분량. 적당량 사용)

그래뉴당	1500g
바닐라빈	1/2개

* '마지팬 로마세', '파트 다망드 크루'라고도 한다. 아몬드와 설탕을 2:1 배합으로 합치고 달걀흰자를 더해 페이스트 상태로 만든 것. 루베카 제품을 사용한다.

밑준비

- 슈톨렌틀에 버터(분량 외)를 얇게 바른다.
- 버터는 두께 1cm로 잘라서 상온에 둔다.
- 카르다몸과 넛맥을 섞는다.
- 프랑스 밀가루를 두 번 체 친다.

오븐 예열은 **180℃**

advice

슈톨렌을 구울 때, 독특한 모양인 슈톨렌틀을 덮어야 반죽에 열이 과하게 전달되지 않아 균일하게 구워집니다. 틀이 없다면 알루미늄 포일을 2겹으로 포개 해삼 모양으로 만들어 사용해도 됩니다.

2~6개월 전 양주에 절인 건과일을 만든다. 건포도는 작업하기 전에 물로 씻어 불순물과 색깔이 변한 것을 골라내고 물기를 뺀다. 다른 건과일과 함께 섞는다.

바닐라빈 껍질을 세로로 가르고, ❶과 함께 비닐봉지에 넣는다. 알코올류를 넣고 봉지 위로 가볍게 주무른 다음, 밀봉한 후 냉장고에 보관한다.

당일 ❷를 체에 밭친 다음 물기를 제거한다.

미리 만들어서 밀폐 용기에 넣어두면 편리합니다.

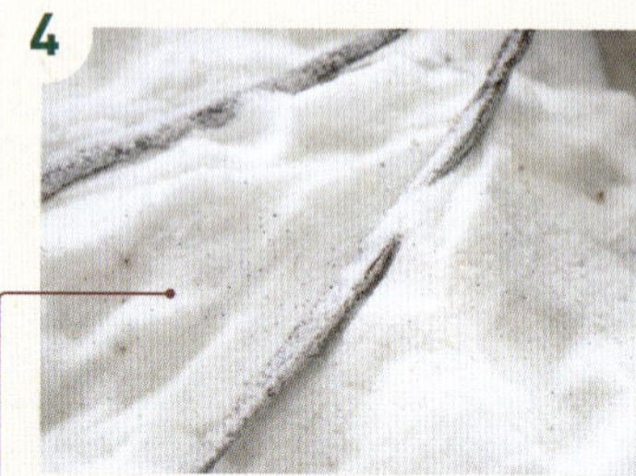

바닐라슈거를 만든다. 바닐라빈 껍질을 세로로 갈라 씨를 긁어낸다. 볼에 그래뉴당의 약 1/3 분량과 함께 넣어 거품기로 씨가 골고루 퍼지도록 섞는다. 나머지 그래뉴당도 넣어 함께 섞는다.

안자츠를 만든다. 프랑스 밀가루와 인스턴트 드라이 이스트를 섞는다. 피부 온도 정도로 데운 우유를 넣고 나무 주걱으로 날가루가 없어질 때까지 확실히 섞는다.

반죽이 볼 바닥에서 잘 떨어질 때까지 섞는다.

7

비닐을 덮어 상온(27~30℃)에서 약 40분간 발효하면 안자츠 완성(사진은 발효가 끝난 상태).

8

크리밍 반죽을 만든다. 스탠드 믹서에 믹서볼과 비터를 세팅한다. 버터와 로마지팬을 번갈아 손으로 찢어 넣으면서 저속, 중속 순으로 속도를 올려 고루 섞는다.

9

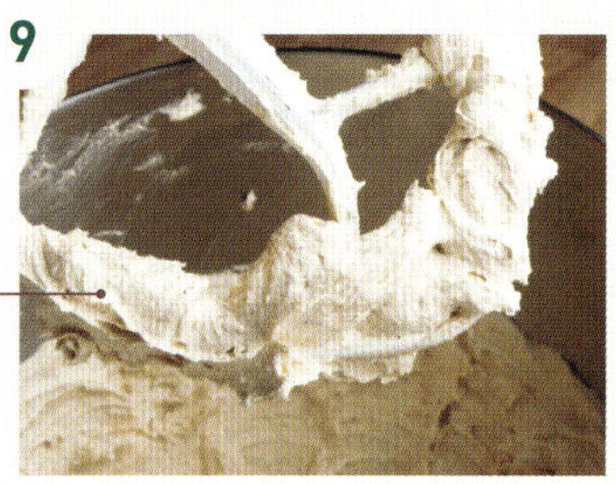

그래뉴당을 3회에 나눠 넣고 고루 섞는다. 달걀노른자를 넣고 향신료도 더해 균일하게 섞는다.

볼 측면과 비터에 반죽이 달라붙으면 고무 주걱으로 떨구어냅시다. **❽**, **❾**는 **❼**의 발효가 끝나기 전에 작업합니다.

10

다른 믹서볼에 프랑스 밀가루와 소금을 넣고 **❼**을 스크래퍼로 분할해서 넣는다(사진). **❾**의 크리밍 반죽도 넣는다.

믹싱하는 시간이 너무 길어지지 않도록 반죽을 소분해둡니다.

11

❿의 볼을 후크와 함께 스탠드 믹서에 세팅하고, 날가루가 보이지 않을 때까지 저속으로 2분간 섞는다. 계속해서 저속으로 1~2분간 섞고 중속으로 올려 전체를 한 덩어리로 만든다. 그대로 상온(26~27℃)에서 10분간 휴지한다.

12

❸을 더해 저속으로 고루 섞는다.

13

작업대에 덧가루를 뿌리고 **⓬**를 꺼내 2등분한다(1개당 약 500g). 각각 손으로 가볍게 뭉친다.

14

뭉친 상태에서 비닐을 덮어 10분간 휴지한다.

반죽을 가볍게 뭉쳐두지 않으면 건과일이 반죽에서 떨어져 나옵니다. 또한 버터 분량이 많은 반죽이기에 덧가루는 최소한으로만 사용합시다.

15

⓮의 비닐을 벗기고 틀 길이에 맞춰 양손으로 굴려서 막대 모양으로 만든다.

➡ p.128로 이어짐

16

가로로 길게 놓고 밀대를 가운데에 올려 가볍게 굴려서 세로 길이가 20cm 정도가 되도록 편다. 위쪽 가장자리는 얇게, 아래 가장자리는 도톰하게 한다.

17

양손으로 아래쪽 도톰한 가장자리를 잡고 그대로 안쪽 얇은 가장자리 끝에 씌운다.

18

씌운 가장자리의 위아래를 밀대로 가볍게 눌러 포대기 모양으로 만든 후, 오븐팬에 올려 슈톨렌틀을 덮는다.

독특한 모양인 슈톨렌틀을 덮어야 열이 과하게 전달되지 않아 균일하게 구울 수 있습니다.

19

비닐로 감싸 약간 따뜻한 실내(약 30℃)에 60~70분간 두고 최종 발효한다. 반죽 중심 온도를 재서 적정 온도인 28℃ 전후인지 확인한다.

온도가 너무 높으면 버터가 새어 나오므로 주의합시다.

20

180℃로 예열한 오븐에 넣어 20분간 굽는다. 잠깐 꺼내 틀을 뺀다. 곧바로 오븐에 넣고 30~35분간 굽는다. 중간에 오븐팬 1개를 더 넣어 포개듯이 깔고 바닥이 타지 않도록 조절한다.

21

다 구워지면 식힘망을 얹은 바트 위에 올린다.

22

전체에 녹인 버터를 솔로 두 번 듬뿍 바른다.

23

❹의 바닐라슈거를 뿌린다. 상온에서 반나절~하룻밤 두고 완전히 식힌다. 여분의 바닐라슈거를 떨구어내고 슈거파우더를 뿌린 후 랩으로 감싸 서늘한 곳에 보관한다.

24

4~5일에서 일주일 정도 후에 먹는 게 맛있다. 1.5cm 두께로 자른다.

2주 내에 먹는 게 좋습니다.

제 5 장

강배전과 잘 어울리는 과자

바흐 쇼콜라

BACH CHOCOLAT

카페 바흐의 이름을 붙인 오리지널 초콜릿 케이크. 시트는 밀가루를 넣지 않고 구웠기에 촉촉하면서 가볍고 입안에서 사르르 녹습니다. 시트 사이사이에 가나슈를 샌드하고, 브랜디를 바르고, 윗면에는 마치 거울처럼 윤이 나는 초콜릿을 코팅해 12겹으로 만든, 초콜릿을 좋아하는 사람이라면 참을 수 없는 어른의 맛입니다. 입에 넣으면 가나슈가 사르르 녹으면서 초콜릿의 쌉쌀한 풍미가 입안 가득 퍼집니다. 초콜릿을 아낌없이 사용했기에 자칫 묵직해지기 쉽지만, 바흐 쇼콜라는 무거운 느낌은 조금도 없고 되레 가벼운 맛을 만끽할 수 있습니다.

이 케이크 반죽은 머랭 거품이 꺼지기 쉬운데, 이 거품이야말로 경쾌하고 입에 잘 녹는 식감으로 완성하는 데 큰 역할을 합니다. 그래서 한 번에 많은 양을 준비할 수는 없습니다. 가정용 오븐으로 굽는다면 조금 번거롭더라도 3회로 나눠 구워주세요. 이렇게 하면 좋은 상태의 반죽을 만들 수 있습니다.

커피와의 궁합

약	중	중강	강
×	△	△	◎

초콜릿을 고급스럽게 맛볼 수 있는 케이크이기에, 기본적으로 강배전이 잘 어울립니다. 그중에서도 맛이 깊고 풍부한 단맛을 지닌 타입과 화려한 꽃향기가 나는 타입과 조합하면 초콜릿의 풍미가 더욱더 잘 느껴집니다. 또한 중배전 중에서도 깊이가 있고 깔끔한 감귤류의 산미를 지닌 타입과 매칭하면 초콜릿에 없는 상쾌한 향이 더해져 경쾌한 리듬을 만들어냅니다.

BACH'S SELECTION

- **BEST** ▶ **강** 이탈리안 블렌드
- **BETTER** ▶ **강** 케냐
- **OTHER** ▶ **강** 에티오피아 시다모 W **중** 코스타리카 PN

재료(26cm×36cm 오븐팬 1개×3개 분량)

초콜릿 풍미 반죽(3개 분량)*

달걀노른자	132g×3
그래뉴당 **A**	60g×3

【 머랭 】

┌ 달걀흰자	180g×3
└ 그래뉴당 **B**	36g×3
비터 초콜릿**	43g×3

가나슈

생크림(유지방 성분 47%)	446g
밀크 초콜릿***	445g
비터 초콜릿**	40g
브랜디	34g
브랜디(마무리용)	45g

* 이 반죽은 노화가 빨라 만들자마자 바로 구워야 하기에 가정용 오븐으로 굽는다면 반죽 준비부터 굽기까지 1장씩 진행한다. 재료표에서는 1장 분량×3으로 표기했다.

** 발로나 사의 카카오 파트 엑스트라를 사용한다.

*** 카르마 사의 다크 1044를 사용한다.

밑준비

- 머랭용 달걀흰자를 냉장고에 넣어 30분 정도 식힌다(스탠드 믹서로 휘핑할 경우, 차게 식힘으로써 달걀흰자가 과하게 휘핑되지 않고 단단한 머랭을 만들 수 있다).
- 오븐팬에 유산지를 깐다.
- 반죽용 비터 초콜릿을 굵게 썬다. 가나슈용 초콜릿 역시 두 종류를 같이 굵게 썬다.

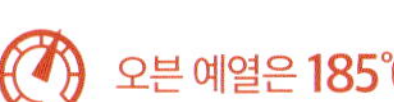

오븐 예열은 **185℃**

1

초콜릿 풍미 반죽을 만든다. 볼에 비터 초콜릿을 넣고 중탕(60℃)하면서 고무 주걱으로 천천히 저으면서 녹인다.

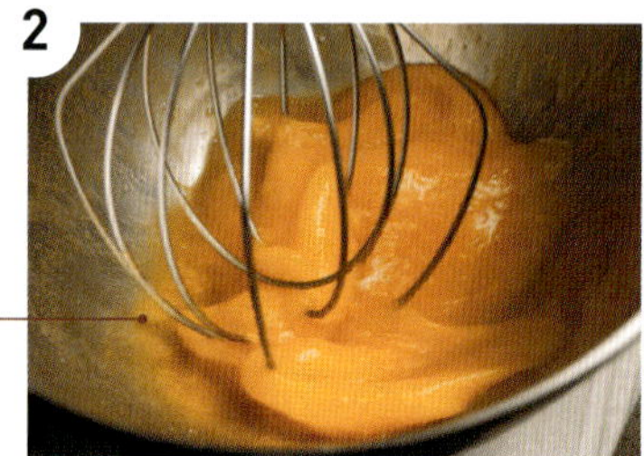

2

믹서볼에 달걀노른자를 넣은 후 와이어 휘퍼로 푼다. 그래뉴당 **A**를 넣어 중탕(60℃)하면서 피부 온도 정도(27~28℃)가 될 때까지 데운다.

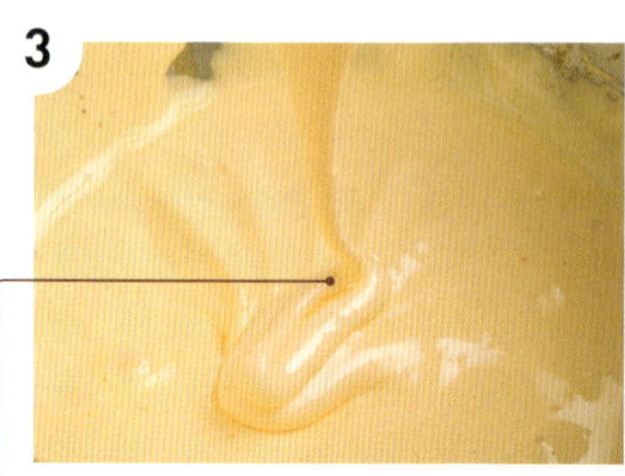

3

❷를 스탠드 믹서에 세팅하고 중속으로 30초, 고속으로 3분, 중속으로 1분, 저속으로 30초 섞고 매끄러운 리본 상태로 만든다.

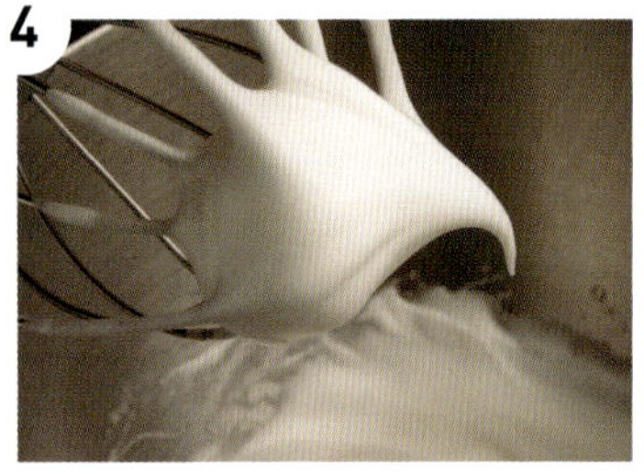

4

p.44의 요령으로 특히 결이 곱고 뿔이 뾰족하게 서는 머랭을 만든다.

5

❸에 ❶을 넣어 고무 주걱으로 확실하게 섞고, ❹의 머랭을 1/3 정도 넣어 크게 소용돌이를 그리는 느낌으로 고루 섞는다.

6

나머지 머랭을 2회에 나눠 넣고, 그때마다 바닥부터 크게 뒤집으며 거품이 꺼지지 않도록 섞는다. 반죽을 머랭이 있던 볼에 다시 옮기고 균일하게 섞는다.

7

❻을 오븐팬 가운데에 붓고, 큰 스크래퍼로 방사형으로 반죽을 펼친다.

※ 위 사진에서는 가게에서 쓰는 큰 오븐팬을 사용했다.

8

스크래퍼를 세워서 가장자리를 따라 움직이면서 모서리까지 빈틈없이 채운다. 스크래퍼를 조금 눕혀서 표면을 정돈한다. 오븐팬을 10cm 높이에서 작업대에 떨어뜨려 반죽 속 기포를 정리한다.

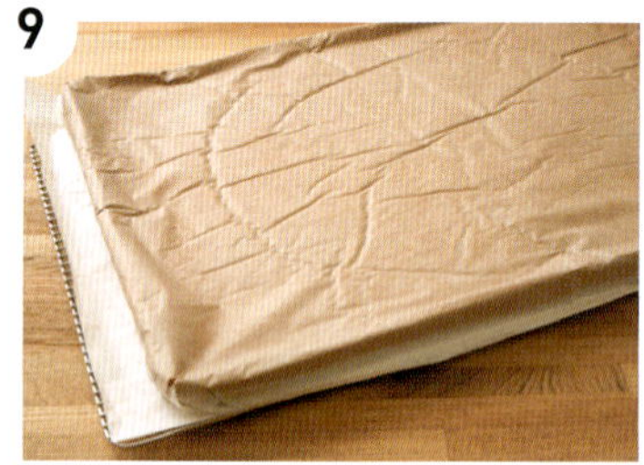

9

185℃로 예열한 오븐에 넣어 10분간 굽고 오븐팬 위치를 바꿔 7~8분간 굽는다. 식힘망 위에 유산지를 깔고 오븐팬을 뒤집어 시트를 빼낸 후, 그대로 식힌다.

10

작업대에 유산지를 깔고 ❾를 뒤집어 아래쪽부터 천천히 유산지를 벗긴다. 절반 정도 벗기면 바닥에 깐 유산지째 180° 회전시켜 다시 아래쪽부터 천천히 벗긴다.

11

시트를 가로로 놓은 후 두께 8mm 각봉을 놓고 빵칼을 움직이면서 자른다. 세로로 2등분하고, 세로 26cm×가로 18cm 크기로 2장을 만든다. 나머지 2장 분량의 반죽도 같은 방법으로 만들어 총 6장을 준비한다.

> 잘라낸 부분은 다른 과자에 크럼으로 활용하면 됩니다.

12

가나슈를 만든다. 볼에 초콜릿 두 종류를 넣는다. 냄비에 생크림을 넣어 끓인 후, 초콜릿을 붓는다. 잠깐 그대로 두어 초콜릿이 녹으면 고무 주걱으로 공기가 들어가지 않도록 천천히 섞어 윤기를 낸다. 차망에 걸러 브랜디를 넣고, 고무 주걱으로 천천히 섞는다.

13

작업대에 유산지를 깔고 ⓫의 시트를 단면이 위를 향하도록 올린다. 솔로 브랜디를 바른다.

14

⓭ 위에 ⓬의 1/7 정도를 국자로 떠서 붓고 팔레트 나이프를 천천히 움직이며 균일하게 펴 바른다.

15

2번째 시트도 같은 방법으로 포개고 유산지와 작업판을 겹쳐서 올린 후 위에서 가볍게 누른다. 평평하게 만들며 시트와 가나슈를 밀착시킨다. 3번째, 4번째도 같은 방법으로 작업하고 5번째와 6번째는 ⓫의 단면이 아래로 향하게 포갠다.

> 반죽의 아래쪽 4장과 위쪽 2장의 방향을 바꿔서 포개놓으면 모양이 예쁘게 완성됩니다.

16

작업판째 90° 회전시켜 세로로 길게 놓고 나머지 가나슈를 지그재그로 끝에서 끝까지 붓는다.

17

스패철러 칼등이 아래로 향하게 양끝을 잡고, 앞쪽으로 약간 기울여서 가나슈 표면을 위에서 아래로 단숨에 움직여 매끈하게 만든다. 냉장고에 넣어 2시간 정도 차게 식혀 굳힌다.

> 칼을 따뜻하게 데워 물기를 닦아내고, 1조각당 8cm×3cm가 되도록 자릅니다.

몽블랑

MONT BLANC

'새하얀 산'이라는 의미로, 밤을 호화롭게 사용한 프랑스 과자. 지금의 모양을 고안한 건 파리의 노포 카페 '안젤리나'라고 합니다. 카페 바흐에서는 토대로 쓰는 머랭이 그저 달게만 느껴지지 않도록 아몬드를 섞어서 속이 고소하고 캐러멜 상태가 되도록 구워냅니다. 그 고소함이 깊은 단맛이 있는 마롱 크림과 아주 잘 어우러집니다. 마무리로 생크림을 섞은 부드럽고 마일드한 샹티이 마롱, 럼주 향이 풍기는 농후한 마롱 크림, 그리고 이 모든 것을 이어주는 부드러운 크렘 샹티이가 사중주 같은 선율을 선사합니다.

<table>
<tr><td colspan="5">커피와의 궁합</td></tr>
<tr><td>약</td><td>중</td><td>중강</td><td>강</td></tr>
<tr><td>×</td><td>△</td><td>◎</td><td>◎</td></tr>
</table>

풍성한 마롱과 생크림을 하나로 이어주는 것이 바로 고소한 견과류 머랭입니다. 식감은 매우 가볍지만 농후한 맛이기에 강배전과 매칭합시다. 입안에 퍼지는 밤의 단맛을 마지막까지 즐기려면 섬세한 쓴맛을 지닌 것보다 다양한 맛의 요소를 지닌 바디감이 있는 타입이 좋습니다. 자극적인 쓴맛이 없고 풍부한 단맛과 오일감이 있는 타입도 추천합니다. 단밤처럼 달콤한 향과 바디감이 있는 중강배전도 잘 어울립니다.

BACH'S SELECTION

BEST ▶ 강 에티오피아 시다모 W **BETTER** ▶ 강 케냐

OTHER ▶ 중강 수마트라 만델링

재료(20개 분량)

머랭 반죽

달걀흰자*	63g
슈거파우더	48g
그래뉴당 A	8g
그래뉴당 B	25g
T.P.T**	40g

마롱 크림

마롱 페이스트(시판용)	180g
버터(무염)	73g
우유	19g
럼주	9g

【 이탈리안 머랭 】
(만들기 쉬운 분량. 28g을 사용)

달걀흰자	60g
그래뉴당	120g
물	40g

크렘 샹티이

생크림(유지방 성분 47%)	280g
그래뉴당	28g

샹티이 마롱

생크림(유지방 성분 47%)	216g
밤잼(시판용)	324g
보늬밤 조림	10개

* 반드시 신선한 것을 사용한다.
** 아몬드 가루와 슈거파우더를 1:1 비율로 섞어서 두 번 체 친 것.

밑준비

■ 머랭용 달걀흰자와 마롱 크림용 버터를 냉장고에 넣어 차게 식힌다.

 오븐 예열은 140~145℃

1

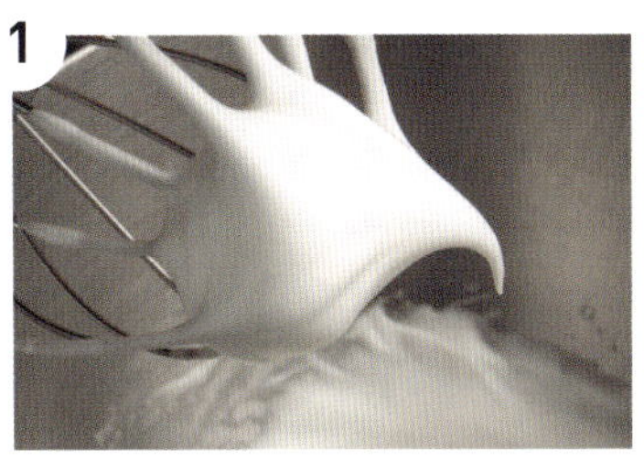

머랭 반죽을 만든다. 믹서볼에 달걀흰자, 그래뉴당 **A**, 슈거파우더를 넣고 p.44 머랭 만드는 법의 요령으로 윤기 있고 결이 고운 머랭을 만든다.

2

믹서볼을 작업대에 올리고 그래뉴당 **B** 를 넣고 고무 주걱으로 바닥부터 크게 뒤 집듯이 섞는다. T.P.T도 넣어 같은 방법 으로 섞는다.

3

❷를 12mm 원형 깍지를 낀 짤주머니에 채우고 오븐팬에 지름 5cm의 원형으로 20개 짠다. 140~145℃로 예열한 오븐에 넣어 댐퍼를 열고 70분간 굽는다. 식힘망 에 올려 식힌다.

천천히 수분을 날리면서 겉은 하얗고, 속은 갈색인 캐러멜 상태로 굽습니다. 가정용 오븐으로 굽는 다면 50~60분 구운 후에 오븐 문을 열어 증기를 빼줍시다.

4

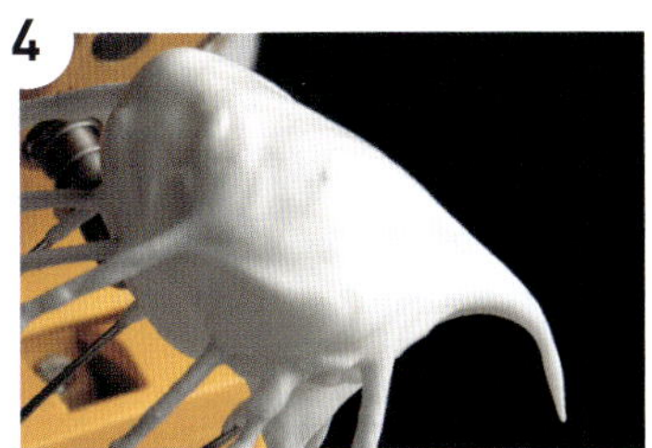

마롱 크림을 만든다. 이탈리안 머랭을 p.44의 요령으로 만든다. 이 중에서 28g 을 쓴다.

5

믹서볼에 버터와 마롱 페이스트를 넣고, 비터와 함께 스탠드 믹서에 세팅한다. 처 음에는 저속으로 섞다가 중속으로 속도 를 올려 균일하게 섞는다. 다시 저속으로 낮춰 우유와 럼주를 넣은 다음, 고속으로 올려 밝은색으로 변하고 묵직해질 때까 지 섞는다.

6

❹의 절반 분량을 넣고 고무 주걱으로 고 루 섞는다. 나머지 이탈리안 머랭을 넣고 기포가 꺼지지 않도록 주의하면서 섞는 다. 12mm 원형 깍지를 낀 짤주머니에 채 우고 테프론시트에 지름 3cm×높이 1.5 cm의 모자 모양으로 둥글게 짠다. 20개 를 만들고 냉동실에 넣어 1시간 이상 차 게 식혀 굳힌다.

7

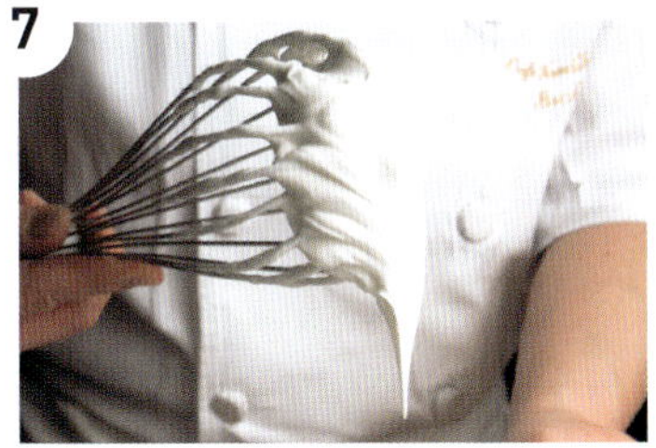

p.40의 요령으로 70~80% 정도로 휘핑 해 크렘 샹티이를 만든다.

팔레트 나이프를 살짝 세워서 마롱 크림 측 면에 크렘 샹티이를 올린 후, 그대로 밑으로 당기면 예쁜 모양으로 만들 수 있습니다.

8

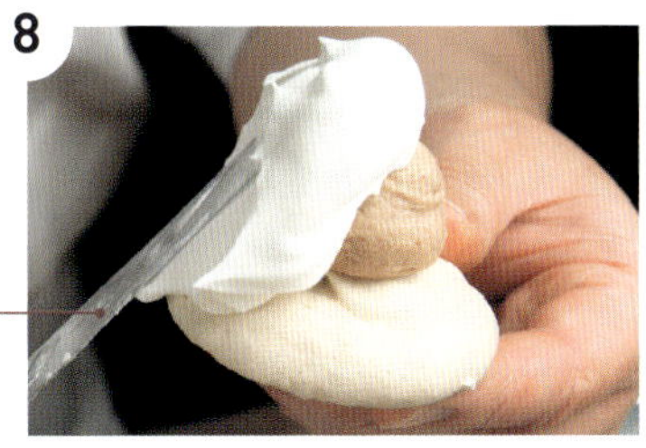

❸에 냉동실에서 막 꺼낸 ❻을 올린다. ❼을 팔레트 나이프로 떠서 올리고 산 모 양으로 다듬는다. 바트에 나열해 냉장고 에 넣어 차게 식힌다. 샹티이 마롱용 생크 림을 볼에 담은 후 얼음물 위에 올려 40 ~50%로 휘핑하고 밤잼의 1/3 분량을 잘 푼다.

9

나머지를 2회에 나눠 고무 주걱으로 부 드럽게 풀고 냉장고에 넣어 60분간 차게 식힌다. 중간 크기의 8구 몽블랑 깍지를 낀 짤주머니에 채운 다음 ❽을 바트에 올 려 크림을 짜서 전체를 덮고, 냉장고에 넣 어 1시간 차게 식힌다. 보늬밤 조림을 반 으로 잘라 올린다.

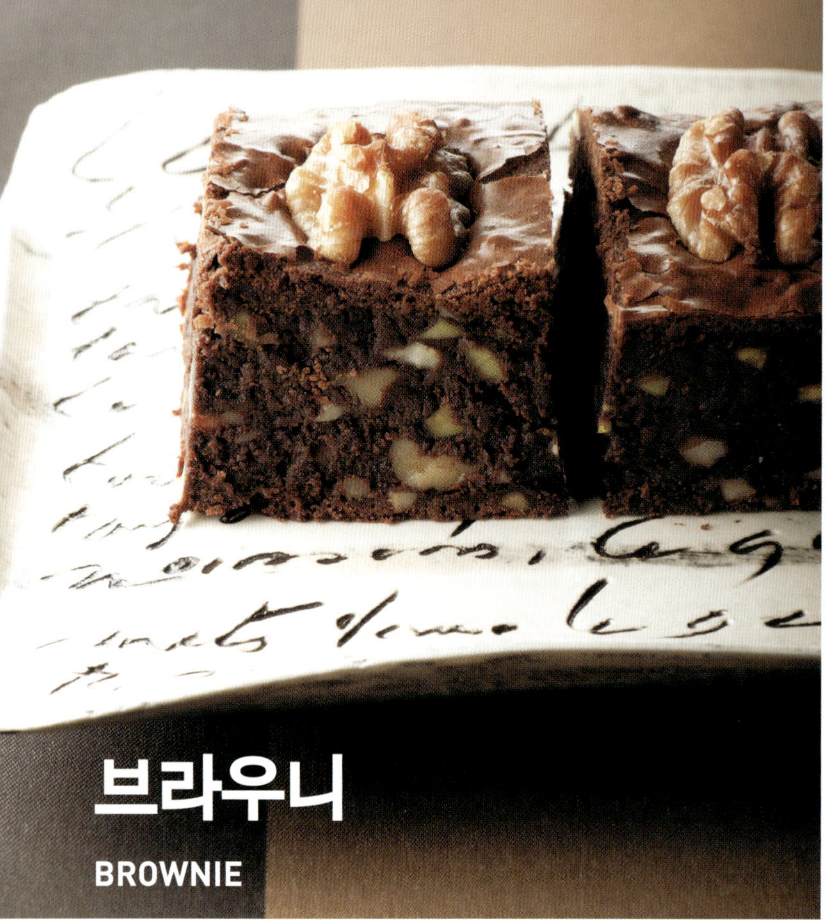

브라우니
BROWNIE

초콜릿 반죽에 호두 등 견과류를 섞은 미국에서 만들어진 구움과자로, 큼직하게 구워서 네모나게 자르는 것이 일반적입니다. 투박하고 러프한 느낌으로 굽기 쉽지만, 카페 바흐에서는 호두, 헤이즐넛, 피스타치오 이 세 종류를 듬뿍 믹스해서 풍요롭고 세련된 구움과자로 완성하고 있습니다. 표면은 적당히 구워져 기분 좋게 파스스 부서지고, 속은 반쯤 익기에 입안에서 부드럽게 녹으므로 가토 쇼콜라 클래식과도 비슷한 느낌입니다.

커피와의 궁합	약	중	중강	강
	△	×	◎	◎

초콜릿의 풍미, 견과류의 깊은 맛과 감칠맛이 오롯이 전해지는 맛으로, 표면은 쿠키처럼 파스스 가볍게 부서지고 속은 촘촘하고 묵직한 바디감이 있는 반쯤 익힌 반죽이라 보이는 것 이상으로 볼륨감이 있는 과자입니다. 커피는 초콜릿과 비슷한 수준으로 로스팅해서 쓴맛이 살아 있는 강배전과 잘 어울리며, 반대로 맛이 연한 약배전 또한 커피의 견과류향과 잘 어울립니다. 어느 쪽이건 맛이 풍부하지 않은 커피를 추천합니다. 샤프한 산미는 추천하지 않습니다. 초콜릿 케이크에 생크림을 곁들이는 것처럼 카푸치노나 카페오레와 매칭해도 좋습니다.

BACH'S SELECTION

| BEST | ▶ | 강 이탈리안 블렌드 | BETTER | ▶ | Var. 카페오레 |
| OTHER | ▶ | 약 브라질 W | Var. 카푸치노, 아이스커피 |

재료
(17cm×17cm×3.5cm 사각틀 1개 분량)

버터(무염)	144g
전란	120g
그래뉴당	180g
박력분	78g
코코아파우더	36g
비터 초콜릿*	135g
바닐라빈	1/3개
소금	한 꼬집
호두	30g
껍질이 있는 헤이즐넛	30g
피스타치오	20g
호두(세로로 2등분한 생호두, 장식용)	
	9조각

* 발로나 사의 엑스트라비터 61%를 사용한다.

밑준비

- 틀에 유산지를 깐다.
- 호두와 헤이즐넛은 160℃로 예열한 오븐에 넣어 11~15분간 로스팅한다. 호두는 손으로 부수고, 헤이즐넛은 껍질을 벗겨서 굵게 다진다.
- 피스타치오는 세로로 2등분한다.
- 바닐라빈 껍질은 세로로 갈라 씨를 긁어낸다.
- 비터 초콜릿은 굵게 썰어 볼에 넣는다.
- 버터는 1cm 크기로 깍둑썬다.
- 전란은 풀어둔다.
- 박력분, 코코아파우더를 합쳐 두 번 체친다.

 오븐 예열은 180℃

1

냄비에 버터를 넣고 중간 불로 녹인다. 끓으면 불을 끄고 그래뉴당, 바닐라빈 껍질과 씨를 넣어 섞는다. 껍질은 건져낸다.

2

고무 주걱으로 섞으면서 전란을 몇 차례에 나눠 넣고 고루 섞은 다음 소금을 넣는다.

3

볼에 넣어둔 비터 초콜릿에 ❷를 붓는다.

4

고무 주걱으로 천천히 섞고, 초콜릿을 녹여 매끄러운 상태로 만든다.

> 이 단계에서는 완전히 섞지 않아도 됩니다.

5

가루류를 한 번에 넣고 고무 주걱으로 바닥부터 뒤집듯이 크게 섞는다. 견과류도 넣어 반죽 전체에 골고루 퍼지게 섞는다.

6

❺를 틀에 부어 넣고 틀을 10cm 높이에서 작업대에 떨어뜨려 반죽을 고르게 만든다. 장식용 호두를 겉면이 위로 오게끔 올린다.

> 호두는 처음에는 가운데에 올리고 앞뒤, 좌우 순으로 올리면 간격을 고르게 만들 수 있습니다.

7

180℃로 예열한 오븐에 넣어 45분간 굽는다. 다 구워지면 틀째 한 김 식힌다.

> 반죽 가운데를 꼬챙이로 찔러 반죽이 약간 묻어 나오면 다 구워진 것입니다. 속이 아주 부드러우므로 한 김 식을 때까지 틀에서 빼내지 맙시다.

advice

이 과자는 완전히 익히기보다는 속이 아직 부드러울 때 오븐에서 꺼내는 것이 좋습니다. 이렇게 하면 식었을 때 겉은 바삭하고 속은 촉촉한 상태가 됩니다. 한 김 식으면 잘라주세요. 완전히 식은 후에 자르면 깔끔하게 잘리지 않습니다.

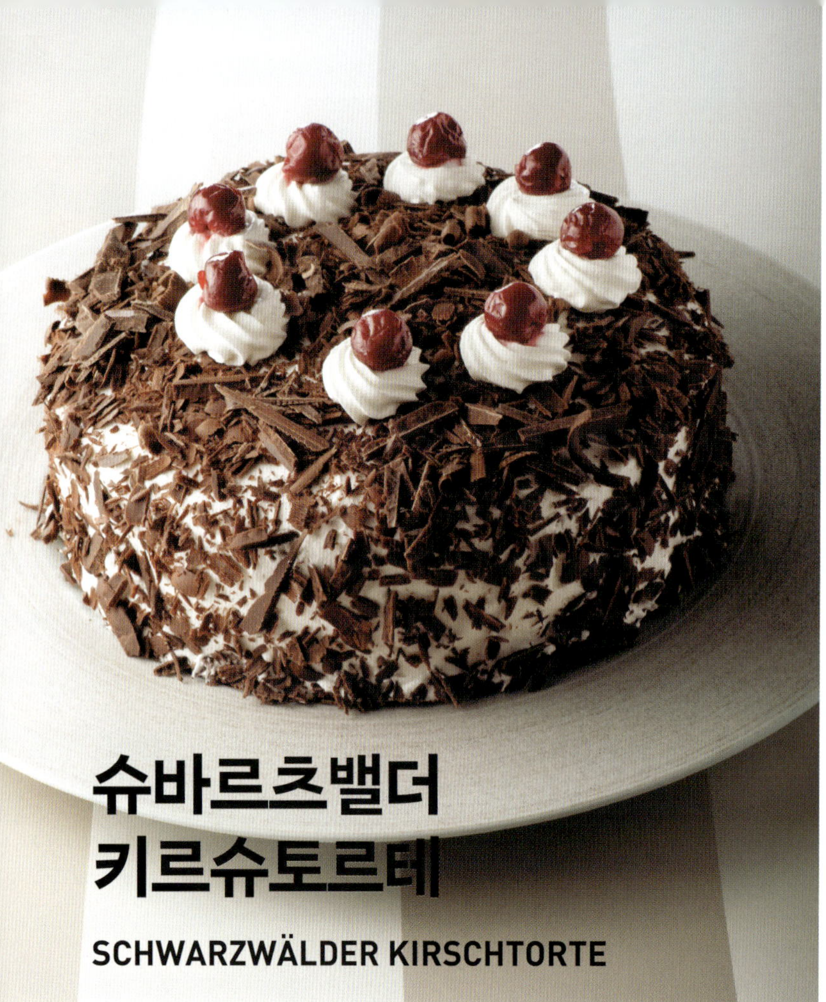

슈바르츠밸더
키르슈토르테

SCHWARZWÄLDER KIRSCHTORTE

붉은 체리와 갈색 초콜릿, 새하얀 생크림이 너무나도 시크한 독일의 전통 과자. 표면에 장식한 초콜릿은 독일의 숲을 표현한 것이라고 합니다. 쉬크레 반죽과 코코아 반죽 사이에 크림을 듬뿍 샌드했기에 볼륨감은 있지만 식감은 무척 부드럽습니다. 은은한 시나몬향과 사워 체리와 프랑부아즈잼의 새콤달콤함, 부드럽게 감도는 체리주의 향이 마무리 짓는 역할을 하기에 묵직한 느낌은 들지 않습니다.

재료(지름 18cm 세르클틀 1개 분량)

뮈르베타이크(만들기 쉬운 분량. 절반을 사용)

버터(무염)	125g
그래뉴당	63g
전란	50g
박력분	188g
소금	소량
바닐라에센스	3방울
레몬제스트	소량
덧가루(강력분)	적당량

쇼콜라덴마세
(지름 18cm 제누아즈틀. 만들기 쉬운 분량. 두께 7mm 3장을 사용)

달걀노른자	108g
그래뉴당 A	30g
박력분	36g
콘스타치	36g
코코아파우더	30g
시나몬파우더	1g
시럽 A*	59g

【 머랭 】

달걀흰자	72g
소금	한 꼬집
그래뉴당 B	54g

키르슈 자네 크렘

생크림(유지방 성분 40%)	390g
시럽 B*	39g
키르슈	20g
판 젤라틴	4.5g

* 그래뉴당과 물을 2:1 비율로 섞고 끓여서 녹인 것.

<table>
<tr><td colspan="5">커피와의 궁합</td></tr>
<tr><td></td><td>약</td><td>중</td><td>중강</td><td>강</td></tr>
<tr><td></td><td>×</td><td>×</td><td>△</td><td>◎</td></tr>
</table>

초콜릿과 생크림을 듬뿍 사용한 과자이기에 강배전으로 로스팅한 블렌드 커피처럼 깊이 있는 쓴맛과 만나면 전체적으로 맛이 풍부해집니다. 또한 스파이시한 쓴맛과 화사한 향이 있는 강배전과도 잘 어울립니다. 양이 많으면 좋기에 에스프레소라면 직화식이 좋습니다. 크림과 궁합이 좋지 않은 약배전과 맛이 서로 충돌하는 중배전도 피하는 것이 좋습니다.

BACH'S SELECTION

BEST	강	이탈리안 블렌드 2잔 분량을 포트로 제공
BETTER	강	직화식 에스프레소
OTHER	강	에티오피아 시다모 W

키르슈 콩포트

【 키르슈 마리네 】

그리오트 체리(냉동)	130g
물	65g
그래뉴당 **C**	46g
키르슈 바서	20g

콘스타치	9g
그래뉴당 **D**	17g
프랑부아즈잼	적당량
시럽 **C** **	80g
생크림(유지방 성분 40%)	150g
슈거파우더	14g
밀크 초콜릿 ***	100g

** 그래뉴당과 물을 1:1 비율로 섞고 끓여서 녹인 것.

*** 카르마 사의 다크 1044를 사용한다.

밑준비

전날 ※ 뮈르베타이크를 만든다

- 버터를 두께 1cm로 잘라 상온에 둔다.
- 전란을 풀어둔다.
- 박력분을 두 번 체 친다.

당일

- 쇼콜라덴마세용 제누아즈틀에 유산지를 깐다. 달걀흰자를 냉장고에 넣어 차게 식힌다. 박력분과 콘스타치를 합쳐 두 번 체 친다. 코코아파우더와 시나몬파우더를 합치고 시럽 **A** 를 넣어 섞는다.
- 프랑부아즈잼을 체에 거른다.
- 비터 초콜릿을 다진다.

 오븐 예열은 **190℃**

1 **전날** 뮈르베타이크를 만든다. p.31의 파트 쉬크레의 요령으로 만든다. 이때 소금, 레몬제스트, 바닐라에센스는 그래뉴당을 넣은 후에 넣어 섞는다. 냉장고에 넣어 하룻밤 휴지한다.

반죽한 당일 바로 구울 때는 최소 2~3시간 냉장고에 넣어 휴지합시다.

2 키르슈 콩포트에 사용할 마리네이드를 만든다. 내열볼에 그리오트 체리를 넣는다. 냄비에 물과 그래뉴당 **C** 를 넣어 끓이면서 녹이고 뜨거울 때 볼에 붓는다. 한 김 식으면 키르슈 바서를 넣고 냉장고에 넣어 하룻밤 휴지한다.

원래는 사워 체리를 사용합니다.

3 **당일** 작업대에 덧가루를 뿌린다. ❶을 냉장고에서 꺼내 반을 덜어낸 후 밀대로 3mm 두께로 민다. 파이롤러로 전체에 구멍을 낸다.

4 지름 18cm보다 조금 더 크게 자른다. 비닐을 덮고 냉장고에 넣어 30분 동안 휴지한다.

5 냉장고에서 꺼내 오븐팬에 올리고 190℃로 예열한 오븐에 넣어 12~13분간 굽는다. 꺼낸 후 18cm 세르클틀로 찍어내고 식힘망 위에 올려 식힌다.

6 쇼콜라덴마세를 만든다. 믹서볼에 달걀 노른자를 넣고 와이어 휘퍼로 푼다. 그래뉴당 **A** 를 넣고 중탕(60℃)하면서 섞어 27~28℃로 만든다.

➡ p.140으로 이어짐

7 스탠드 믹서에 ❻의 믹서볼과 와이어 휘퍼를 세팅하고 고속, 중속, 저속 순으로 섞어 뽀얗고 묵직한 상태로 만든다. 미리 섞어놓은 코코아파우더와 시나몬파우더를 조금씩 넣으면서 고루 섞는다.

8 거품 낸 달걀노른자를 볼에 넣고 ❼을 더해 전체를 균일하게 고루 섞는다.

9 다른 믹서볼에 달걀흰자와 소금을 넣어 와이어 휘퍼로 푼다. p.44의 요령으로 머랭을 만들고, 믹서를 멈춰 와이어 휘퍼로 고루 섞는다.

10 ❽에 ❾의 1/3 정도를 넣고 고무 주걱으로 고루 섞는다. 나머지를 2회에 나눠 넣어 섞고, 그때마다 바닥을 뒤집듯이 크게 섞는다.

11 가루류를 한 번에 넣어 거품이 꺼지지 않도록 고무 주걱을 크고 부드럽게 움직이며 전체를 고루 섞는다.

12 제누아즈틀에 붓고 190℃로 예열한 오븐에 넣어 28~30분간 충분히 굽는다.

13 틀에서 꺼내 식힌다.

14 빵칼로 바닥을 얇게 잘라내고, 각봉을 놓고 7mm 두께로 3장 잘라낸다.

15 전날 준비한 키르슈 마리네이드를 체에 걸러 체리와 절임액으로 나눈다. 장식용으로 사용할 모양이 예쁜 체리를 8개 정도 빼놓는다. 절임액은 65g을 계량해 준비해둔다.

16

작은 볼에 콘스타치를 넣고 절임액 1/3 정도를 넣어 녹인다. 냄비에 나머지 절임액과 그래뉴당 **D**를 넣어 중간 불로 끓인다. 푼 콘스타치를 더해 고무 주걱으로 섞으면서 졸인다. 걸쭉해지면 불을 끄고 체리를 넣어 섞는다. 그대로 식힌다.

17

키르슈 자네 크렘을 만든다. 미리 판 젤라틴을 얼음물에 불린다. 볼에 생크림을 넣어 p.40의 요령으로 60%로 휘핑한 후, 시럽 **B**를 조금씩 넣어가며 90%로 휘핑한다.

18

판 젤라틴의 물기를 뺀 후 중탕(60℃)하며 녹이고 키르슈를 넣어 25℃ 전후까지 식힌다. 90% 휘핑한 생크림의 일부를 넣어 섞은 후, 다시 생크림이 들어 있는 볼에 넣어 고루 섞는다.

19

회전판 위에 ❺를 올리고 고무 주걱으로 프랑부아즈잼을 바른다. ⓮를 1장 올린다. 지름 18cm 세르클틀을 끼우고 윗면에 솔로 시럽 **C**의 1/3을 바른다.

20

⓲의 크림을 15mm 원형 깍지를 끼운 짤주머니에 채우고 2cm 정도 간격을 띄워 동심원 모양으로 3줄을 짠다. ⓰의 키르슈를 18mm 원형 깍지를 끼운 짤주머니에 채워 동심원 크림 사이에 짜 넣는다.

21

그 위에 다시 ⓲을 소용돌이 모양으로 듬뿍 짜고 스크래퍼로 평평하게 다듬는다. ⓮를 1장 올리고 시럽 **C**의 나머지를 바른다.

22

⓲을 일부 남기고 나머지를 반죽 위에 올려 팔레트 나이프를 사용해 돔 모양으로 바른다.

23

⓮를 1장 올리고 손으로 눌러 모양을 다듬는다. 나머지 시럽 **C**를 바르고 남겨둔 ⓲을 바른다. 냉장고에 넣어 3시간 이상 차게 식힌다.

24　㉓을 냉장고에서 꺼내 틀 바깥에 따뜻한 행주를 감싼다(또는 토치로 데운다). 틀을 빼낸다. 볼에 생크림과 슈거파우더를 담고 얼음물 위에 올려 90%로 휘핑한 크렘 샹티이를 만든다. 일부는 별 깍지를 끼운 짤주머니에 채우고 나머지는 윗면과 옆면에 팔레트 나이프로 얇게 바른 후, 썰어놓은 비터 초콜릿을 흩뿌린다. 윗면을 8등분하여 표시하고 짤주머니에 채운 크렘 샹티이를 균등하게 8곳 짜고 ⓯에서 빼놓은 체리를 올린다.

토마토 소스를 곁들인 바바

BABA

입에 넣는 순간, 투박하고 거친 발효 반죽에서 럼주 풍미의 시럽이 사르르 퍼지면서 이스트향과 하나가 되어 정말이지 맛있는 과자입니다. 카페 바흐에서는 여름철 차가운 디저트로 인기 있는데, 정통 스타일인 크렘 샹티이 외에도 청량감 넘치는 토마토 소스를 곁들여 가벼운 식감으로 완성했습니다. 럼주는 향이 좋은 반면 쓴맛도 있어서 너무 많이 사용하면 커피와 어울리지 않으므로 균형을 생각해서 줄이다 보니 지금의 레시피가 되었습니다.

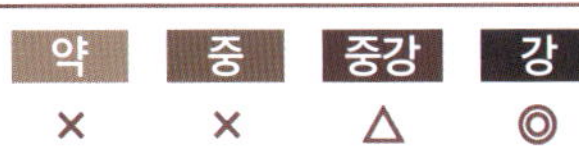

커피와의 궁합	약	중	중강	강
	×	×	△	◎

차가운 디저트로 맛이 결코 농후하지는 않지만, 단맛은 또렷한 과자입니다. 럼주향도 풍부하기에 뒷맛이 깔끔한 쓴맛을 가진 커피와 궁합이 좋은 편입니다. 또한 바바를 디저트로 생각하면 속을 깔끔하게 정리해주는 쓴맛이 강하기에 주장이 세지 않은 커피와 잘 어울립니다. 다만 쓴맛만 강한 타입은 과자의 장점을 살려주지 못하기에 어울리지 않습니다. 직화식 에스프레소도 추천합니다.

BACH'S SELECTION

- **BEST** ▸ **강** 페루
- **BETTER** ▸ **강** 직화식 에스프레소
- **OTHER** ▸ **중강** 파푸아뉴기니

재료(지름 6.5cm 사바랭틀 15개 분량)

바바

【 반죽 】

- 버터(무염) ······ 63g
- A
  - 프랑스 밀가루 ······ 250g
  - 그래뉴당 ······ 18g
  - 소금 ······ 5g
  - 인스턴트 드라이 이스트 ······ 5.2g
- B
  - 전란 ······ 125g
  - 물(겨울에는 미지근한 물) ······ 125g

【 시럽 A 】

- 그래뉴당 ······ 200g
- 물 ······ 500g

럼주 ······ 45g
살구잼 ······ 적당량

토마토 소스

방울토마토 ······ 60~75개
꿀 ······ 11g
레몬즙 ······ 8g

토마토 마리네이드

방울토마토 ······ 15개
키르슈 바서 ······ 23g
시럽 B * ······ 126g

크렘 샹티이

생크림(유지방 성분 40%) ······ 240g
슈거파우더 ······ 21g

* 그래뉴당과 물을 1:1 비율로 섞고 끓여서 녹인 것.

당일

- 반죽을 넣는 믹서볼에 쇼트닝(분량 외)을 얇게 바른다.
- 사바랭틀에 버터(분량 외)를 얇게 바른다.
- 버터를 1cm 두께로 잘라 중탕(60℃)해 녹인다.
- 프랑스 밀가루를 두 번 체 친다.
- 전란을 풀고, 물에 넣어 섞는다.

오븐 예열은 200℃

바바 반죽은 다른 발효 반죽과 달리 끈적하고 유동성이 있기에 계량하는 것도 분할하는 것도 쉽지 않습니다. 따라서 짤주머니에 반죽을 채워 저울 위에서 짜 넣으면 수월하게 틀에 넣을 수 있습니다.

1

전날 토마토 마리네이드를 만든다. 방울토마토는 꼭지를 그대로 둔 채 뜨거운 물에 담가 껍질을 벗긴다. 밀폐용기에 넣는다. 시럽 **B**를 끓여 키르슈 바서를 섞고 토마토 꼭지 아래쪽까지 잠기게 붓는다. 냉장고에 넣어 하룻밤 숙성한다.

2

당일 토마토 소스를 만든다. 방울토마토 꼭지를 떼어내고 토마토 바닥 쪽에 얕게 십자로 칼집을 넣은 후 뜨거운 물에 담근다. 얼음물에 담가 껍질을 벗기고 가로로 2등분한다. 씨를 제거하고 믹서로 약 40초간 갈고, 체망에 거른다. 이 퓌레 450g에 꿀과 레몬즙을 넣어 섞고 냉장고에 넣어 차게 식힌다.

3

바바 반죽을 만든다. 믹서볼에 **A**를 넣고 후크를 쥐고 고루 섞는다. **B**를 추가하여 가볍게 섞는다.

4

스탠드 믹서에 **❸**의 믹서볼과 후크를 세팅하고 저속으로 섞으며 균일하게 만든다. 이어서 고속으로 2분, 중속으로 3분 섞는다. 저속으로 낮춰 녹인 버터의 1/5 분량을 넣어 섞고 중속으로 올린다.

5

나머지 녹인 버터를 4회에 나눠 저속으로 하여 넣고 중속으로 올려 고루 섞는다. 걸쭉하고 점도가 강한 반죽으로 완성해 볼에 옮겨 담는다. 비닐을 덮어 30분간 상온에 두고 발효한다.

6

발효되어 약 2배로 부풀면 나무 주걱으로 바닥부터 천천히 저어 가스를 빼서 반죽을 균일하게 만든다.

7

❻을 12mm 원형 깍지를 낀 짤주머니에 채운 다음 전자저울 위에 사바랭틀을 올려 1개 30g씩 계량하면서 짜 넣는다. 약 60% 정도로 채운다.

> 바바 반죽은 아주 끈적해서 계량하는 것도 분할하는 것도 어렵습니다. 그러므로 짤주머니에 채워 틀을 저울 위에 올려놓고 짜는 게 간편합니다.

8

틀을 잡고 손가락으로 반죽 바닥을 문질러서 빈틈이 없도록 정돈한다. 틀째 작업대에 가볍게 떨어뜨려 반죽을 고르게 만들고 상온에서 10~15분간 휴지한다. 200℃로 예열한 오븐에 넣어 23~25분간 굽는다. 다 구워지면 틀에서 꺼내 그대로 식힌다.

9

냄비에 시럽 A의 재료를 넣고 끓여서 녹인다. 80℃로 온도를 낮춰 유지하면서 ❽을 넣고 주걱으로 눌러 가라앉게 만든다.

10

시럽이 듬뿍 스미게끔 하고 바트 위에 망을 올려 그 위에 내려놓는다. 여분의 시럽을 제거하고, 럼주를 솔로 바른다.

> 시럽이 차가우면 반죽 속까지 스미지 않고, 그렇다고 너무 뜨거우면 반죽이 흐무러지니 80℃ 정도가 가장 좋습니다.

11

한 김 식으면 살구잼에 적당량의 물을 넣고 끓여 데우고 ❿의 윗면에 솔로 바른다. 바트로 옮겨서 냉장고에 넣어 1시간 이상 차게 식힌다.

> 잼은 너무 되직해도 너무 묽어도 반죽에 바르기 적합하지 않습니다. 가열해서 고무 주걱으로 떴을 때 뚝뚝 떨어지는 농도로 조절합시다.

12

생크림과 슈거파우더를 담은 볼을 얼음물 위에 올리고 90%로 휘핑한 후, 별 깍지(대)를 낀 짤주머니에 채운다. ⓫을 냉장고에서 꺼내 그릇에 담고 크렘 샹티이를 짠 다음 토마토 소스와 토마토 마리네이드를 곁들인다.

플로랑탱 사블레

FLORENTIN SABLÉ

달콤하고 버터 맛이 진한 사블레 반죽에 아몬드 캐러멜을 올린, 농후한 쿠키의 왕. 노릇하게 구운 이 과자는 도톰하고 단단하지만 씹으면 사블레 반죽이 힘없이 부서지면서 퍼지는, 그야말로 커피가 생각나는 맛입니다. 커피와 함께 입에 넣고 오도독 오도독 씹으면서 먹으면 새로운 감칠맛이 생깁니다. 비교적 오래도록 두고 먹을 수 있지만 이 과자는 캐러멜의 바삭한 식감이 중요하기에 습기는 최대한 조심해야 합니다. 밀폐용기에 넣어 보관하도록 합시다.

재료(24cm×33cm 사각 세르클틀 1개 분량)

파트 사블레

버터(무염)	125g
슈거파우더	125g
전란	50g
박력분	250g
베이킹파우더	2.5g
소금	한 꼬집

아파레이유

아몬드슬라이스	150g
버터(무염)	100g
그래뉴당	150g
꿀	50g
물엿	50g
생크림(유지방 성분 47%)	100g

밑준비

전날 ※ 파트 사블레를 만든다

- 박력분과 베이킹파우더를 합쳐 두 번 체 치고, 냉장고에 넣어 차게 식힌다.
- 버터는 두께 1cm로 잘라 상온에 둔다.
- 전란을 풀어둔다.

 오븐 예열은 **180℃**

커피와의 궁합

약	중	중강	강
△	×	△	◎

확실한 단맛, 쌉쌀함, 견과류의 감칠맛, 버터의 풍미가 하나로 합쳐진 맛의 결정체와도 같은 과자. 커피는 크게 두 가지 방향성으로 매칭합니다. 하나는 강배전. 과자와 마찬가지로 바디감이 풍부한 타입 혹은 조금 더 쓴맛이 강한 타입을 조합해서 산뜻하고 깔끔하게 마무리해줍니다. 또 다른 하나는 완전히 반대로 가볍고 산뜻한 약배전을 매칭해서 과자를 입체적으로 돋보이게끔 합니다. 두 가지 커피의 장점을 모아 강배전을 에어로프레스로 추출하는 것도 좋습니다. 전체적으로 깨끗하고 산뜻하면서 부드러운 쓴맛을 느낄 수 있습니다.

BACH'S SELECTION

BEST ▶ **강** 말라위 비피아　　**BETTER** ▶ **강** 에어로프레스로 추출
OTHER ▶ **강** 인디아, 페루　　**약** 브라질 W

advice

이 과자를 만들 때 가장 많이 하는 실수가 너무 오래 굽는 것입니다. 두 번 굽는 것을 기억하고 처음 구울 때는 반죽 전체가 살짝 노릇해지고, 가장자리가 갈색이 될 정도로만 구워도 충분합니다. 두 번째 구울 때. 온도가 너무 높아 탈 것 같다면 오븐팬 1장을 더 넣어 포개듯이 깔아서 조절합시다. 오븐 앞에 서서 계속 지켜보면서 상태를 확인하는 것도 중요합니다.

1

전날 p.31의 요령으로 파트 사블레를 만든 다음, 냉장고에 넣어 하룻밤 휴지한다. 이때 소금은 슈거파우더를 넣은 후에 섞는다.

반죽한 당일 바로 구울 때는 최소 2~3시간 냉장고에 넣어 휴지합시다.

2

당일 ❶을 작업대에 올리고 밀대로 두드려서 부드럽게 만든다. 밀대로 두께 5mm, 크기 26cm×36cm로 민다. 냉장고에 넣어 30분간 휴지한다.

3

파이롤러로 반죽 전체에 구멍을 내고 180℃로 예열한 오븐에 넣어 15~16분간 굽는다.

4

반죽 전체가 연하게 구움색이 나고 가장자리가 갈색으로 변하면 오븐에서 꺼내 오븐팬째 작업대에 올리고 사각 세르클틀을 위에 올려 위에서 가볍게 누른다.

5

아파레이유를 만든다. 아몬드슬라이스를 오븐팬에 펼쳐 180℃로 예열한 오븐에 넣고 5분간 굽는다. 구리냄비에 아몬드슬라이스 이외의 재료를 넣고 중간 불에 올려 타지 않게 나무 주걱으로 휘저으며 가열한다. 115℃가 되면 불을 끄고 아몬드슬라이스를 뜨거운 상태에서 넣고 재빨리 섞는다.

6

❹에 ❺를 붓는다.

뜨거우니 화상을 입지 않도록 주의합시다.

7

스크래퍼로 재빨리 표면을 다듬어 두께가 고르게 되도록 정리한다. 틀 밖으로 삐져나온 파트 사블레를 잘라내고, 사각 세르클틀을 끼운 채로 180℃로 예열한 오븐에 넣어 25~30분간 구움색이 진하게 나도록 굽는다.

8

다 구워지면 식힘망 위에 올려 한 김 식히고, 사각 세르클틀 가장자리를 따라 칼을 넣어 틀에서 빼낸다. 작업판 위에 뒤집어놓고 빵길로 직게 자른디.

윗면을 위로 두고 자르면 아몬드슬라이스가 부서지고 사블레도 잘게 부서져서 깔끔하게 자르기 어려우니 반드시 바닥이 위로 오게 두고 자릅시다.

카페 바흐가 알려주는
커피 추출의 기본

혀에 닿는 감촉이 매끄럽고 맛도 향도 풍부하다, 이게 올바르게 추출된 커피의 증거입니다. 그러기 위해서 사용하는 도구, 도구에 맞게 분쇄한 원두, 그리고 알맞은 추출 방법이 중요합니다. 여기서는 일반적으로 많이 사용하는 페이퍼 드립 테크닉을 소개하겠습니다.

1 직전에 원두를 분쇄한다

원두는 분쇄해 가루로 만들면 노화 속도가 빨라지고 향도 날아가기에 가능하면 내리기 직전에 갈도록 합시다. 뜨거운 물을 부었을 때 바로 빠져나가지 않아 좋은 성분을 충분히 추출할 수 있습니다.

추출하는 도구에 따라 알맞은 굵기(Mash)는 바뀌지만, 어떤 도구를 사용하더라도 굵기를 균일하게 가는 것이 중요합니다. 굵기가 고울수록 성분이 추출되기 쉽고, 또한 여과 속도가 늦어지기에 페이퍼 드립으로 추출할 때는 중간 굵기로 가는 것이 가장 좋습니다. 너무 곱게 간 원두를 사용하면 중압감과 쓴맛이 납니다.

극세 굵기

고운 가루 상태로 에스프레소 머신에 적합하다. 맛의 성분, 특히 쓴맛이 강하게 추출되기 쉽다.

고운 굵기

쓴맛이 추출되기 쉽기에 직화식 에스프레소에 적합하다. 저온으로 장시간 우려내는 방식과 사이폰 방식에도 적합하다.

중간 굵기

페이퍼 드립에 가장 적합하다. 농도와 산미, 쓴맛을 균형 있게 추출할 수 있다. 사이폰과 커피 메이커에도 적합하다.

굵은 굵기

프렌치프레스처럼 뜨거운 물로 커피 성분을 추출하는 방식에 적합하다. 입자가 굵어서 쓴맛이 잘 우러나지 않는다.

2 페이퍼 드립용 도구

드리퍼

드리퍼에 종이필터를 끼우고, 커피액을 여과해서 추출하는 드립 방식. 카페 바흐에서는 뜨거운 물을 몇 번으로 나눠 붓고, 커피 가루와 가루 사이에 뜨거운 물을 통과시켜 성분을 추출하는 투과식 추출 방법으로 내리고 있습니다. 테크닉은 필요하지만 커피의 좋은 성분만 추출할 수 있습니다. 일반적으로는 '칼리타식'이라 불리는 구멍이 3개 뚫린 드리퍼를 많이 사용하는데 카페 바흐에서는 오리지널 드리퍼를 사용합니다.

종이필터

종이 밀도에 따라 커피 맛이 바뀝니다. 밀도가 낮으면 여과 속도가 빨라 깔끔한 맛으로, 밀도가 높으면 여과 속도가 느려져 진하게 내려집니다.

서버

추출한 커피를 받고, 컵에 따릅니다. 눈금이 표시된 것을 골라 목적에 맞는 양이 되면 드리퍼를 분리합니다.

커피포트

재질과 사이즈는 다양하지만 뜨거운 물을 붓는 양을 조절하기 쉬운 전용 포트를 추천합니다.

계량스푼

원두와 커피 가루를 계량할 때 사용합니다. 일반적으로 1큰술은 12g입니다.

바스푼

물 온도와 추출을 끝낸 커피를 균일하게 만들기 위해 섞을 때 사용하는 도구입니다.

온도계

목적에 맞는 커피를 추출하기 위해 커피포트에 담긴 물 온도를 측정합니다.

종이필터 접는 법

종이필터를 드리퍼에 딱 맞게 접어 넣어야 커피 가루에 물이 균일하게 닿기에 종이필터 접는 법도 중요합니다. 이때, 너무 힘을 주면 종이가 늘어날 수도 있으니 주의합시다.

1 측면의 이음매 부분을 접는다.

2 바닥 면의 이음매 부분을 ❶과 반대 방향으로 접는다.

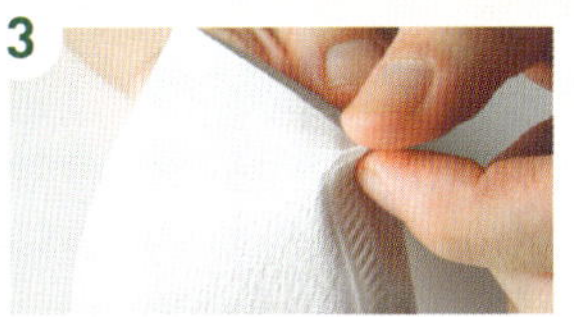

3 바닥 면 양 끝에 생기는 모서리를 각각 편다.

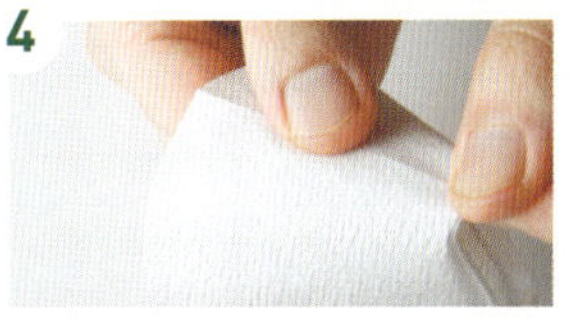

4 안쪽 모서리에 손가락을 넣어 이음매 부분을 평평하게 편다.

5 ❶에서 접은 이음매 부분도 평평하게 편다.

6 ❸을 바닥 면으로 향하게 접어서 자연스럽게 모양을 잡는다.

커피를 내릴 때는 속도가 무척 중요합니다. 호흡하듯이 물이 다 내려가기 전에 다음 물을 붓습니다. 이 행동을 반복하면 일정한 양과 리듬으로 부을 수 있어서 단시간에 좋은 성분만 추출할 수 있습니다. 요령을 쉽게 이해할 수 있는 2잔 분량으로 소개하겠습니다.

1

종이필터를 드리퍼 모양에 딱 맞게 세팅하고 서버에 올린다.

2

분쇄한 원두를 계량스푼으로 1.8스푼 (약 22g) 넣고 앞뒤로 가볍게 흔들어서 평평하게 만든다.

넣은 상태 그대로 물을 부으면 물이 균등하게 닿지 않아서 제대로 뜸을 들일 수 없습니다. 그렇다고 너무 많이 흔들면 덩어리지는 원인이 되므로 주의합시다.

3

방금 끓인 신선한 물을 커피포트에 넣고, 온도계를 넣어 82~83℃가 되도록 물을 추가하며 바스푼으로 저어 균일하게 만들면서 온도를 조절한다.

4

커피포트를 쥐고 물줄기를 가늘게 조절하면서 2~3cm 높이에서 가운데서부터 바깥쪽까지 소용돌이를 그리듯이 붓는다. 뜨거운 물은 전체가 푹 젖을 정도로 붓는다.

뜨거운 물은 커피 가루에 신중하게 '둔다', '올린다'는 느낌으로 붓습니다. 붓는 위치가 낮으면 물줄기가 너무 굵어서 커피 여과층이 무너지고, 높으면 너무 가늘어져서 커피 여과층이 섞이거나 여분의 공기가 들어갑니다.

5

커피 가루가 동그랗고 균일하게 부풀어 오르는 것이 이상적이다. 그대로 약 30초 정도 뜸을 들여서 성분이 추출되기 쉬운 상태로 만든다.

약배전과 중배전 커피라면 사진만큼 많이 부풀지는 않습니다. 신선하지 않은 원두로 내려도 잘 부풀지 않아요.

6

마찬가지로 물줄기를 가늘게 만들어서 가루 중심에서 밖으로 소용돌이를 그리며 붓고 다시 중심으로 돌아가듯이 붓는다. 커피포트는 수평을 유지하고 위아래로는 움직이지 않는다.

커피 가루도 필터와 마찬가지로 여과층이기에 뜨거운 물을 바깥쪽에 부어서 커피 가루 층을 무너뜨리지 않도록 합시다. 대체로 필터에서 3mm 안쪽까지는 커피 가루 층에 물이 닿지 않게 합니다.

7

❻에서 윗면에 생긴 거품(크레마)이 완전히 가라앉기 전에 같은 방법으로 소용돌이를 그리면서 물을 붓는다.

뜨거운 물을 붓는 타이밍도 중요합니다. 너무 빠르면 뜨거운 물이 고이고, 너무 느리면 커피 가루의 온도가 내려갑니다. 뜨거운 물이 다 내려가기 전에 부어서 일정한 속도를 유지합시다.

8

거품이 폭신하게 부풀면서 뜨거운 물도 위로 올라온다. 너무 많이 올라오지 않도록 주의한다.

9

같은 방법으로 소용돌이를 그리면서 물을 붓되 ❼보다 물줄기를 조금 더 굵고 빠르게 부어서 떫은맛이 나지 않게 한다. 점차 뜨거운 물이 떨어지는 속도가 느려진다.

❹~❾의 뜨거운 물의 양이 적으면 몇 번이나 더 붓게 되어 결과적으로 여과 속도가 느려져서 묵직한 커피가 되므로 주의합시다.

10

서버의 눈금을 보면서 2잔 분량인 300~320mL가 되면 드리퍼를 뺀다. 소요시간은 총 2분 30초 정도. 바스푼으로 섞어서 농도를 고르게 만든 후, 잔에 따른다. 추출 후에 남은 가루는 필터 모양을 따라 보기 좋은 절구 모양이 되는 것이 이상적이다.

취향에 따라 전자레인지 등으로 데워도 좋지만, 끓게 해서는 안 됩니다. 종이필터로 내린 드립 커피는 투명해야 합니다. 숟가락 등으로 떠서 확인해봅시다.

커피 농축액 추출법

이 책에서는 커피 풍미를 살린 과자가 몇 가지 등장합니다. 이때는 농후한 커피 농축액을 사용합니다. 커피 농축액을 추출할 때는 커피포트를 위아래로 움직이면서 한 방울 한 방울 떨어뜨리는 점적추출법으로 내립니다. 베리에이션 커피의 하나인 '카페 슈바르처'도 이 방법으로 내리고 있습니다.

굵게 간 커피 50g을 드리퍼에 넣고 커피포트를 위아래로 움직이면서 한 방울씩 뜨거운 물을 붓습니다. 처음에는 추출되지 않지만 얼마간 반복합니다. 커피 가루가 폭신하게 부풀어 오르면 양을 조금 늘리면서 점적추출법으로 100g을 추출합니다.

* 카르디날슈니텐(p.156)에서 활용

종이드립과 달리 커피포트는 위아래로 움직여서 그 반동으로 자연스럽게 떨어지는 물방울을 커피 가루에 올린다.

페이퍼 드립의 실패 예시

커피 추출은 한순간에 성공과 실패가 나뉩니다. 사소한 조건과 테크닉의 차이가 맛에 그대로 영향을 줍니다. 중요한 것은 '균일하게 붓고, 균일하게 추출하는 것'. 실패하기 쉬운 포인트를 소개하겠습니다.

POINT 1 　물 온도

중강배전에 적당한 온도는 82~83℃입니다. 그보다 온도가 높으면 아린 맛과 쓴맛, 부드럽지 않은 맛이 되며, 그보다 낮으면 커피의 감칠맛이 충분히 추출되지 않아 비교적 산미가 강한 맛이 됩니다.

　드리퍼에 뜨거운 물을 부었을 때 커피 가루는 커피에서 나오는 가스로 인해 폭신하게 부풉니다. 그러나 물이 너무 뜨거우면 큰 구멍이 생겨 증기가 한꺼번에 빠져나가면서 구멍이 뚫리거나 심할 때는 푹 꺼지기도 합니다(오른쪽 위). 이렇게 되면 뜸을 들이기 위한 '뚜껑'이 없어져 커피의 감칠맛 성분이 충분히 우러나지 않습니다. 반대로 온도가 낮으면 커피는 잘 부풀지 않고, 뜨거운 물을 부어도 그대로 고여 있거나 감칠맛 성분이 우러나지 않은 채 아래로 떨어져 전체적으로 싱거운 맛이 됩니다(오른쪽 아래).

고온의 경우　왼쪽 위에 커다란 구멍이 생겼다(사진 왼쪽). 점차 밑으로 꺼지면서 균열이 생긴다(오른쪽).

저온의 경우

전체적으로 가라앉아서 부풀지 않는다.

POINT 2 　물을 붓는 높이

페이퍼 드립을 할 때는 커피 가루 표면에서 2~3cm 위를 유지하고 얹는 느낌으로 물을 붓는 것이 기본인데, 너무 낮아도 너무 높아도 여과층이 무너져서 균일하게 추출할 수 없습니다.

　낮은 위치에서 부으면(오른쪽 아래), 물줄기가 굵고 강해져서 옆에 있는 가루까지 섞이게 됩니다. 커피 가루가 물을 머금지 못하기 때문에 부풀어 오르지 않고 가운데 부분에 물이 고이게 됩니다. 이렇게 되면 제대로 뜸을 들일 수 없습니다. 한편 너무 높은 위치에서 부으면(오른쪽 위), 뜨거운 물에 공기가 들어가서 물줄기가 흐트러지기에 가루가 섞이게 됩니다. 어느 쪽이건 좋은 성분이 충분히 추출되지 않아 싱거워지거나 잡미성분이 우러나서 묵직한 맛으로 내려집니다.

높은 경우

뜨거운 물에 공기가 섞여 하얗게 된다.

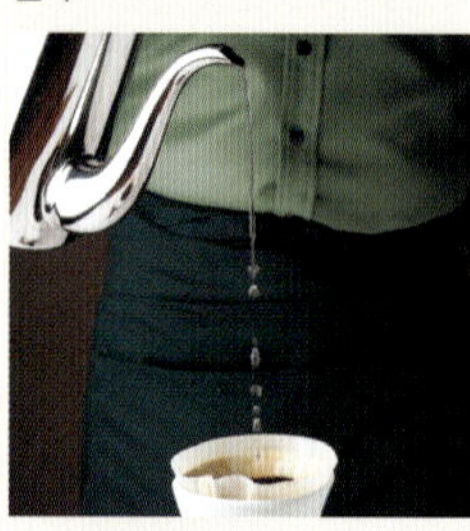

낮은 경우

물줄기 때문에 커피 층이 섞인다.

POINT 3 　종이필터

종이필터는 미리 물에 적시지 않도록 합시다. 미리 적셔놓으면 뜸 들일 때 공기가 빠져나가는 드리퍼의 홈에 필터가 달라붙어서 뜸이 들지 않기 때문입니다. 또한 뜨거운 물을 부을 때 필터에 닿지 않게 부어야 합니다. 커피 가루로 만든 여과층이 일부 무너져서 그곳을 통해 물만 종이필터를 통과하기 때문에 맛이 옅어지거나 싱거워집니다.

제 6 장

베리에이션 커피와 잘 어울리는 과자

트뤼프
TRUFFE

오븐 예열은 190℃

가나슈를 비터 초콜릿으로 감싼 초콜릿 과자의 기본형으로, 카페 바흐에서는
가나슈에 양질의 양주 맛을 살린 두 종류의 트뤼프를 밸런타인 시즌에만 만듭
니다. 하나는 레미 마르탕 V.S.O.P로, 나무통에 숙성시킨 고급스러운 향을 입히
고, 다른 하나는 그랑 마니에르로 오렌지향을 입혔습니다. 둘 다 어른들을 위한
맛입니다. 초콜릿이 커피와 닮은 점은 재료의 산지와 품종, 브랜드가 맛에 크게
영향을 준다는 것입니다. 초콜릿이 트뤼프의 맛을 좌우하기에 바흐에서는 스위
스 카르마 사와 프랑스 발로나 사의 초콜릿을 사용하고 있습니다.

커피와의 궁합

트뤼프 그 자체에 맛과 농도가 응축되어 있기에 커피도 맛이 풍부한 것이 좋습니다. 이를테면 에
스프레소처럼 양이 적으면서 짙은 감칠맛과 지방 성분이 혀에 부드럽게 퍼지는 것, 트뤼프와 마
찬가지로 브랜디의 고급스러운 향이 있는 카페 로열, 강하고 드라이한 아이리시 위스키를 넣은
아이리시 커피 등을 추천합니다. 또한 충분히 로스팅한 초콜릿은 일반적으로 강배전 커피와 궁합
이 좋습니다. 오렌지 풍미의 트뤼프는 마찬가지로 오렌지향을 지닌 커피와 매칭하면 좋습니다.

약	중	중강	강
×	△	◎	◎

BACH'S SELECTION

BEST	강 인디아를 에스프레소로 추출	BETTER	Var. 카페 로열
OTHER	Var. 아이리시 커피	강 케냐, 에티오피아 시다모 W	

1 가나슈를 만든다. 볼에 밀크 초콜릿을 담는다. 냄비에 생크림을 넣어 끓기 직전까지 데우고 초콜릿을 넣는다. 얼마간 그대로 두고 초콜릿이 녹기 시작하면 고무 주걱으로 천천히 섞는다.

2 공기가 들어가지 않도록 주의하면서 고루 섞어 윤기를 낸다. 브랜디를 넣고 다시 매끄러운 상태가 될 때까지 섞는다.

3 바트에 붓고 10cm 높이에서 작업대에 떨어뜨려 공기를 뺀다. 냉장고에 넣고 약 20분간 차게 식혀 약간 굳히고, 15mm 원형 깍지를 낀 짤주머니에 채운다. 유산지 위에 1개당 8g씩 둥글게 짠다. 냉장고에 넣고 30분간 차게 식혀 굳힌다.

4 손바닥에 슈거파우더를 뿌리고 ❸을 둥글린다. 냉장고에 넣어 차게 식힌다.

> 대리석 작업대가 없다면 볼을 뜨거운 물과 차가운 물에 번갈아 담그며 30~31℃까지 온도를 낮춥니다. 종이에 초콜릿을 묻혀 냉장고에 넣어 차게 식혔을 때 초콜릿에 광택이 있다면 템퍼링은 성공.

5 코팅할 초콜릿을 템퍼링한다. 볼에 비터 초콜릿을 넣고 볼보다 약간 작은 냄비 위에 올려 중탕(60℃)한다. 천천히 저으며 녹이고 55~58℃로 조절한다. 대리석 작업대에 전체의 2/3 분량을 부어 팔레트 나이프로 얇게 펼친다.

6 삼각 스패철러로 떠서 섞는다. 이 작업을 반복하며 28~29℃로 온도를 낮춘다. 광택이 있고 매끄러운 상태가 되면 1/3 분량이 남아 있는 원래 볼에 옮겨 담고 섞어서 30~31℃로 맞춘다.

7 ❻을 손바닥 위에 적당량 올리고 ❹를 1개 올려서 양손으로 굴려 코팅한다. 손이 따뜻하면 가나슈가 녹아버리니 그럴 때는 손을 차게 식힌다.

8 ❻에 ❼을 굴려 한 번 더 코팅하고 코코아파우더가 담긴 볼에 올린다. 표면의 초콜릿의 광택이 사라지고 단단하게 굳기 직전에 포크로 지그재그로 굴려서 코코아파우더를 묻히며 모양을 다듬는다. 나머지도 같은 방법으로 마무리한다.

오렌지 풍미의 트뤼프

TRUFFES À L'ORANGE

초콜릿류는 모두 작게 다지고, '트뤼프' 만드는 법과 같은 방법으로 만든다. 이때 브랜디를 오렌지필과 그랑 마니에르로, 코코아파우더를 슈거파우더로 바꿔서 만든다.

BACH'S SELECTION

BEST ▶ 중 파나마 돈파치 게이샤 내추럴

카르디날슈니텐

KARDINALSCHNITTEN

흰색과 노란색 줄무늬가 카르디날(추기경)이 수단 위에 걸치는 어깨띠 디자인을 나타낸다는 오스트리아 빈의 과자입니다. 높이가 6cm 이상이나 되기에 눈으로 느껴지는 볼륨감은 감동적입니다. 그러나 머랭과 스펀지 시트는 폭신폭신하고 가벼우며, 사이에 샌드한 커피 풍미 크림도 경쾌하고 입안에서 사르르 녹기 때문에 부담 없이 끝까지 다 먹을 수 있습니다. 과자의 고향인 빈에서는 크림 대신 잼을 바르는 것이 일반적입니다. 잼을 바르면 좀 더 친근한 가정식 간식에 더 가까운 맛이 납니다.

커피와의 궁합	약	중	중강	강
	×	△	◎	◎

크림에 넣은 커피 농축액의 풍부한 풍미와 은은하게 퍼지는 럼주가 입에서 사르르 녹는 부드러운 시트에 고급스러운 악센트로 작용합니다. 이러한 맛의 과자이기에 초여름에 차가운 커피와 먹고 싶어집니다. 크림 양이 많으므로 산미가 적고 균형 잡힌 커피와 잘 어울립니다.

BACH'S SELECTION

BEST ▶ Var. 아이스커피
BETTER ▶ 중강 과테말라
OTHER ▶ Var. 아이스 카페오레

재료(약 45cm×10cm 1개 분량)*

샤움마세

달걀흰자	275g
그래뉴당	175g
소금	한 꼬집

비스크비트마세

전란	55g
달걀노른자	65g
그래뉴당	55g
박력분	55g
바닐라에센스	몇 방울
레몬제스트	적당량

카페 오 바스 크렘

【 크렘 샹티이 】

생크림	300g
슈거파우더	25g

커피 농축액**	30g
럼주	20g
판 젤라틴	6g

슈거파우더	적당량

* 카페 바흐에서는 60cm×40cm의 프랑스 오븐팬에 45cm 길이의 반죽 2장을 나란히 짜서 1개 분량을 한 번에 굽는다. 가정용 오븐으로 굽는다면 오븐팬 2장에 각각 22cm 길이의 반죽 2장 분량을 나란히 짜고, 오븐 위아래에 넣어서 한 번에 굽는다. 이렇게 하면 22cm 길이의 반죽 2개 분량을 구울 수 있다.

** 굵게 간 원두 50g을 점적추출(p.151)하여 100g 추출한 후 30g을 사용한다. 원두는 강배전으로 로스팅한 이탈리안 블렌드를 사용한다.

- 유산지에 연필로 2cm(너비)×45cm(길이)의 직사각형을 그린다. 2cm씩 간격을 띄우고 2개를 더 그린다. 이 세트를 한 번 더 반복해서 그린다.
- 달걀흰자를 차게 식혀둔다.
- 박력분을 두 번 체 친다.

오븐 예열은 **160℃**

advice

단단한 머랭으로 구워내는 게 이 과자의 포인트로, 짜는 방법이 무척 중요합니다. 처음에는 깍지를 세우고 거품을 으깨는 듯한 느낌으로 얇게 짭니다. 이를 토대로 삼고 두 번째는 깍지를 옆으로 눕혀 두껍고 풍성하게 짭니다. 이렇게 2단으로 포개서 구우면 아래쪽 머랭이 오븐팬의 열을 흡수하고, 도톰하게 짠 위쪽 머랭에 간접적으로 열이 전해지기 때문에 거품이 꺼지지 않고 폭신하게 부풀어 오릅니다.

1

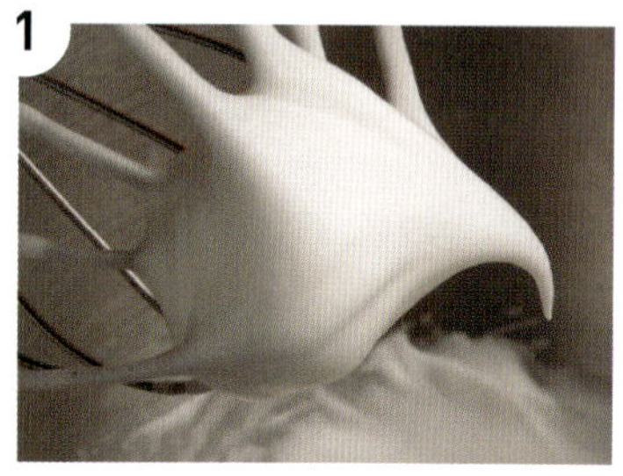

샤움마세(머랭)를 만든다. p.44의 요령으로 매끈하고 윤기 있고 뿔이 뾰족하게 선 머랭을 만든다. 20mm 원형 깍지를 낀 짤주머니에 채운다.

2

비스크비트마세(스펀지 시트)를 만든다. 믹서볼에 전란, 달걀노른자, 그래뉴당, 바닐라에센스, 레몬제스트를 넣고 와이어 휘퍼로 푼다. 스탠드 믹서에 세팅하고 고속, 중속, 저속 순으로 휘핑한다.

3

매끄러운 리본 상태가 되면 박력분을 2회에 나눠 넣고, 고무 주걱으로 날가루가 보이지 않을 때까지 섞는다. 18mm 원형 깍지를 낀 짤주머니에 채운다.

4

오븐팬에 유산지와 테프론시트를 겹쳐서 깔고, ❶의 짤주머니를 세워서 으깨는 듯한 느낌으로 연필 라인을 따라 얇은 띠 모양으로 짠다. 간격을 2cm 띄우고 2줄 더 짠다. 사진처럼 짤주머니를 눕혀서 3줄 위에 원형 깍지 굵기로 짠다.

5

❸을 ❹의 머랭 반죽 사이에 짜 넣는다. 머랭보다 높이는 낮다. 같은 방법으로 한 세트 더 만든다.

6

반죽 전체에 차망으로 슈거파우더를 뿌린다. 반죽에 스며들면 한 번 더 뿌리고, 160℃로 예열한 오븐에 넣어 35~36분간 굽는다. 댐퍼는 처음부터 열어둔다. 가정용 오븐으로 굽는다면 30분 구운 후에 오븐 문을 한 번 열어 증기를 뺀다.

다 구워진 상태.

곧바로 작업판에 유산지를 펼쳐 그대로 뒤집어서 바닥 쪽 테프론시트를 벗겨낸 다. 이때 가장자리부터 반 정도 벗기고 반대쪽 가장자리에서 가운데까지 벗긴다.

다시 뒤집어 유산지로 감싸서 모양을 정돈하고, 그대로 식힌다. 나머지 반죽도 같은 방법으로 반복한다.

뜨겁고 부드러울 때 종이로 감싸면 모양이 흐트러진 채 굳는 것을 막을 수 있습니다.

카페 오 바스 크렘을 만든다. 판 젤라틴을 얼음물에 담가 불린다. 볼에 커피 농축액, 럼주, 물기를 뺀 젤라틴을 넣고 중탕(60℃)하면서 고무 주걱으로 휘저으며 녹인다.

다른 볼에 생크림과 슈거파우더를 넣고 얼음물 위에 올려 거품기로 90% 휘핑한다. 소량을 ❿에 넣어 잘 섞은 후, 생크림이 들어 있는 볼에 다시 넣는다. 균일하게 섞고 20mm 원형 깍지를 낀 짤주머니에 채운다.

❾의 유산지를 벗기고 반죽 1장을 뒤집는다. 반죽 위에 ⓫을 최대한 두껍게 가득 짠다.

팔레트 나이프로 평평하게 다듬는다.

다른 반죽 1장을 구움색이 난 윗면이 위로 오게끔 올린다. 냉장고에 넣어 30분간 차게 식혀 굳힌다. 스펀지 시트(비스크 비트마세) 위에 가늘고 긴 종이를 올리고 머랭(샤움마세) 부분에 차망으로 슈거파우더를 뿌린다. 9조각으로 자른다.

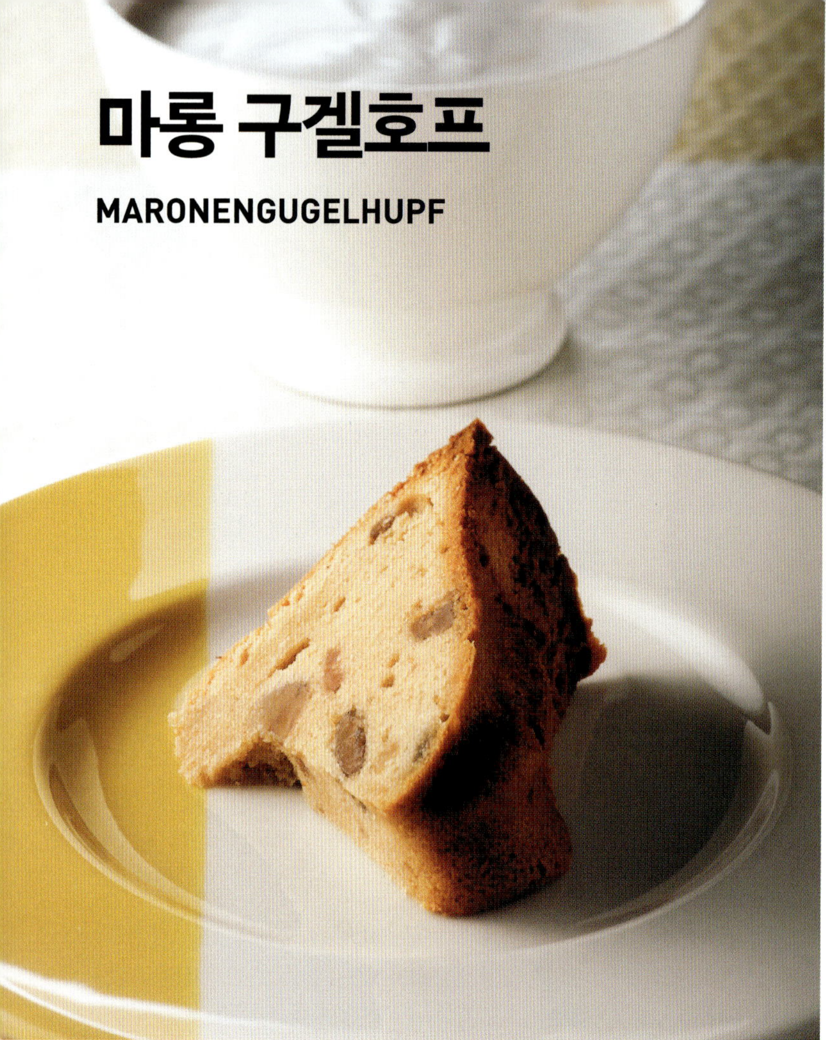

마롱 구겔호프

MARONENGUGELHUPF

마롱 크림을 넣은 심플한 반죽에 마롱글라세를 가득 넣어 밤을 더블로 사용한, 부드럽고 달콤한 맛의 구움과자. 마무리로 넣은 럼주향이 전체적으로 어른스러운 분위기를 자아냅니다. 파운드틀로 구워도 되지만 꼭 구겔호프틀로 구워보세요. 한 조각을 도톰하게 자를 수 있기에 먹었을 때 보슬보슬 부서지고 입안에 감칠맛과 깊은 맛, 풍미가 더욱더 진하게 느껴집니다.

<table>
<tr><td colspan="4">커피와의 궁합</td><td>약</td><td>중</td><td>중강</td><td>강</td></tr>
<tr><td colspan="4"></td><td>×</td><td>△</td><td>◎</td><td>△</td></tr>
</table>

마롱 크림과 생크림을 섞은 반죽은 촉촉하면서도 입안에서 부서지듯 퍼지기에 커피는 양이 넉넉한 편이 좋습니다. 균형이 잘 잡혀 있고 부드러우며 단맛이 있는 이 과자는 우유와 잘 어울리니 카페오레와 매칭해보세요. 맛의 조화를 즐길 수 있습니다. 마찬가지로 균형이 좋은 중강배전이나 로스팅이 진행된 중배전(시티 로스팅), 로스팅을 억제한 강배전(프렌치 로스팅)을 조합하면 과자 맛이 죽지 않고 윤곽이 또렷해집니다.

BACH'S SELECTION

| BEST | Var. 카페오레 | BETTER | 중강 바흐 블렌드 |
| OTHER | 중강 탄자니아 | 중 파나마 돈파치 티피카 |

반죽

버터(무염)	150g
그래뉴당	40g
달걀노른자	60g
박력분	190g
밤잼	90g
생크림(유지방 성분 40%)	70g
소금	한 꼬집
바닐라에센스	몇 방울
마롱글라세	150g

【 머랭 】

달걀흰자	90g
그래뉴당	80g

양주 시럽

시럽*	30g
럼주	15g
브랜디	15g

* 물과 그래뉴당을 1:1 비율로 섞어서 끓인 것.

밑준비

- 구겔호프틀 안쪽에 버터(분량 외)를 얇게 바르고 냉장고에 넣어 차게 식힌다. 사용하기 직전에 냉장고에서 꺼내 강력분(분량 외)을 뿌린다.
- 버터를 1cm 두께로 잘라 상온에 둔다.
- 달걀노른자를 풀어둔다.
- 박력분을 두 번 체 친다.
- 마롱글라세는 1~1.5cm로 자른다.

 오븐 예열은 170℃

1 스탠드 믹서에 비터와 믹서볼을 세팅하고 버터를 넣어 저속, 중속, 고속 순으로 섞으며 크림 상태로 만든다. 그래뉴당과 소금, 바닐라에센스를 더해 저속으로 고루 섞은 후, 중속으로 올려 밝은색이 될 때까지 섞는다.

2 달걀노른자를 조금씩 넣고, 밤잼도 2~3회에 나눠 넣는다. 전체가 균일한 상태가 되면 생크림을 3회에 나눠 넣으며 고루 섞는다. 믹서볼을 분리한다.

3 다른 믹서볼에 p.44의 요령으로 윤기 있고 뿔이 뾰족하게 서는 머랭을 만든다. ❷에 박력분과 머랭을 번갈아가며 넣고, 고무 주걱으로 머랭 거품이 꺼지지 않도록 바닥부터 크게 뒤집듯이 섞는다.

4 박력분과 머랭이 완전히 다 섞이기 전에 마롱글라세를 넣어 고무 주걱으로 바닥부터 크게 뒤집듯이 부드럽게 섞는다.

5 스크래퍼로 거품이 꺼지지 않게 떠서 구겔호프틀에 채운다. 10cm 높이에서 작업대에 떨어뜨려 기포를 뺀다.

6 170℃로 예열한 오븐에 넣어 60~70분간 굽는다. 양주 시럽 재료를 섞어둔다. 반죽이 다 구워지면 구겔호프틀 위에 식힘망을 올려 그대로 뒤집어서 틀에서 분리한다. 뜨거울 때 솔로 양주 시럽을 바른 후, 반나절 이상 그대로 둔다.

advice

이 과자를 보슬보슬 가벼운 식감으로 만들기 위해서는 머랭을 폭신하게 휘핑해야 합니다. 반죽을 만들 때 박력분과 머랭을 번갈아가며 섞어서 머랭 거품이 꺼지지 않도록 합시다. 마지막에는 가벼운 시트에 시럽을 발라 촉촉함도 더해줍니다.

블랑망제

COFFEE JELLY & BLANC-MANGER

호박색을 띤 깊고 깔끔한 쓴맛이 가득한 젤리에, 고급스러운 아몬드향이 감도
는 부드럽고 매끄러우며 새하얀 블랑망제를 얹은, 여름에 어울리는 디저트입니
다. 스푼으로 바닥부터 크게 떠서 입에 넣으면 굳이 커피가 없어도 이 디저트 자
체가 베리에이션 커피처럼 느껴집니다. 농후한 앙글레즈 소스를 뿌리거나 작게
자른 멜론이나 블루베리 같은 과일을 곁들여 먹는 등 변화를 줘도 좋습니다.

1

드리퍼에 종이필터와 원두를 세팅하고, p.151의 요령으로 커피 600g을 추출한다. 뜨거울 때 560g을 볼에 옮겨 담고 가루 젤라틴을 넣어 거품기로 천천히 섞으며 녹인다. 볼을 얼음물 위에 올리고 섞으면서 40℃까지 식힌다.

2

유리잔을 물로 적시고 ❶을 국자로 80%까지 차게 붓고, 스푼으로 표면에 뜬 거품을 꼼꼼히 걷어낸다. 랩을 씌워 냉장고에 넣고 3시간 이상 차게 식혀 굳힌다.

> 커피 젤리는 완전히 굳기까지 시간이 걸리므로 전날 만들어서 냉장고에 넣어두면 작업하기 수월합니다.

3

블랑망제를 만든다. 믹서에 우유와 생아몬드를 넣고, 아몬드를 참깨 크기 정도로 잘게 간다. 우유째 구리냄비에 넣는다. 중간 불에 올려 휘저으면서 끓이다가 불을 끄고 뚜껑을 덮어 10분간 뜸을 들인다.

> 아몬드는 너무 잘게 갈면 성분이 과하게 빠져나와 맛이 강해지므로 주의합시다.

4

판 젤라틴을 얼음물에 담가 불린다. 물기를 짠 판 젤라틴을 작은 볼에 넣고 중탕(60℃)으로 녹인 다음 아마레토를 넣어 섞는다.

5

볼 위에 면보를 깐 체망을 세팅하고 ❸을 거른다. 마지막에 고무 주걱으로 면보를 가볍게 눌러 짠다. 그래뉴당을 더해 중탕(60℃)으로 섞으며 녹인다. ❹를 넣고 볼을 얼음물 위에 올려 고무 주걱으로 천천히 섞고 20℃까지 식혀 걸쭉하게 만든다.

6

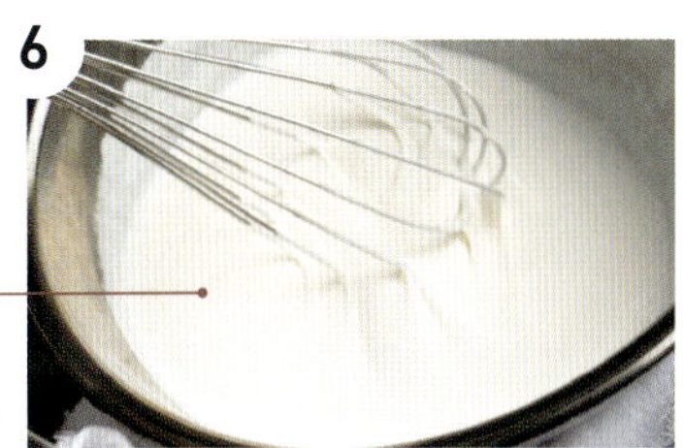

다른 볼에 생크림을 넣고 얼음물 위에 올려 공기를 머금지 않게끔 주의하면서 휘핑한다. 거품기를 들어 올렸을 때 주르륵 떨어지는 정도인 50%가 되면 완성.

> 생크림은 아몬드액과 비슷한 농도인 50%로 휘핑합니다. 과하게 휘핑하면 아몬드액에 고루 섞이지 않고, 너무 묽으면 무거워집니다.

7

❺에 ❻의 1/3 분량을 더해 섞고 나머지를 2회에 나눠 넣으며 거품기로 크게 휘저어 균일하게 만든다. ❷의 위에 국자로 조심스레 붓고, 냉장고에 넣어 약 3시간 차게 식혀 굳힌다.

8

소스 앙글레즈를 만든다. 볼에 달걀노른자를 넣어 거품기로 풀고 그래뉴당을 더해 밝은색이 될 때까지 섞는다. 냄비에 우유와 바닐라빈 껍질, 씨를 넣어 끓기 직전까지 가열하고 볼에 옮겨 담아 거품기로 섞는다.

9

❽을 체망에 거르면서 구리냄비에 옮겨 담고, 고무 주걱으로 섞으면서 약한 불로 가열해 걸쭉해지면 볼에 옮겨 담는다. 얼음물 위에 올려 식히고 냉장고에 넣는다. 작은 유리잔에 넣어 ❼에 곁들인다.

카페 바흐의 원두 도감

STRAIGHT 원두의 특징이 그대로 발휘되는 스트레이트

약배전

아이티 뱁티스트

카리브해에 떠 있는 아이티 섬에서 석회질 토양과 바다에서 불어오는 무역풍으로 자란 양질의 커피. 고급스럽고 가벼운 향, 적절한 산미와 부드러운 깊은 맛을 즐길 수 있다.

브라질 W

브라질 바이아주산. 최고 등급인 No.2 스크린 18의 원두를 브라질에서는 보기 드물게 습식(워시드)으로 정제한 바흐 오리지널. 적당한 산미와 데친 채소와 땅콩 같은 향, 부드러운 화려함도 지닌 고급스러운 맛.

베트남 아라비카

베트남 남부, 람동성 지역에서 재배되는 희귀한 아라비카종. 베트남이라고 하면 로부스타종이 유명하지만 최근에는 세계 최대 규모의 아라비카종 생산국이 되었다. 달콤한 꽃향기, 부드러운 산미, 고운 감칠맛이 특징.

블루마운틴 No.1

카리브해에 위치한 자메이카 블루마운틴 지구에서 수확한 최고 등급 No.1의 원두. 우아한 꽃향기와 균형 잡힌 맛으로, 약배전의 산뜻한 맛과 함께 풍부함도 있다.

중배전

예멘 모카 마타리

중근동 예멘의 수도인 사나의 서쪽에 있는 하라즈 지방에서 재배된 커피. 건식(내추럴)으로 정제함에 따라 과일향과 맛이 나며, 깔끔한 산미와 새콤달콤함을 지닌다. 그 특징적인 맛과 자그마한 크기 때문에 커피의 귀부인이라고 불린다.

니카라과 SHG

중미 니카라과산. SHG(Strictly High Grown)는 해발 약 1,370m 이상의 고원에서 재배된 최고급 등급 원두로, 일반적으로 입자가 크고 품질도 좋다. 성숙한 맛과 향이 난다.

파나마 돈파치 티피카

중미 파나마의 돈파치 농원에서 구매하는 티피카(아라비카의 대표 품종)만 모은 원두. 완숙 체리처럼 부드러운 산미와 양질의 카카오처럼 매끈한 광채를 지녔으며, 바디가 부드럽다. 균형 잡힌 맛이 특징이다.

코스타리카 PN「그레이스 허니

중미 코스타리카 서부에서 재배된다. 펄프드 내추럴 (PN) 방식으로 정제되어 단맛과 꿀의 풍미가 있어 허니 커피로도 불린다. 바디감이 있으면서 메이플 시럽 같은 풍미와 매끄러움, 과일의 산미도 있다.

파나마 돈파치 게이샤 W

중미 파나마 돈파치 농원의 게이샤 품종을 습식(워시드)으로 정제한 원두. 게이샤 품종답게 꽃향기와 단맛이 있는 맛에 감귤류의 산미가 더해져 세련된 맛과 우아한 바디감을 즐길 수 있다.

파나마 돈파치 게이샤 내추럴

중미 파나마 돈파치 농원의 게이샤 품종을 내추럴 방식으로 정제한 원두. 커피 품평회 '베스트 오브 파나마'의 내추럴 부문에서 1위를 차지했고 세련된 화려함과 우아하고 깊은 맛은 마치 숙성된 와인 같다.

BLEND 여러 가지 원두를 배합해서 새로운 맛을 만들어내는 블렌드

소프트 블렌드

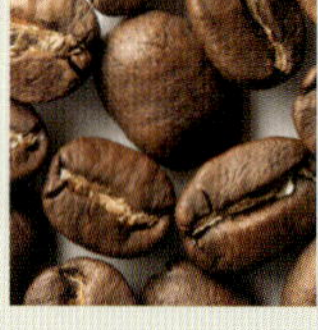

약배전. 브라질 W, 아이티 뱁티스트, 니카라과 SHG를 블렌딩한, 부드러운 산미를 지닌 고급스러운 맛.

마일드 블렌드

중배전. 브라질 W, 파나마 돈파치 티피카, 니카라과 SHG, 코스타리카 PN「그레이스 허니」를 블렌딩. 깔끔한 산미와 부드러운 바디감이 특징.

바흐 블렌드

중강배전에 해당하는 카페 바흐의 대표 상품. 브라질 W, 콜롬비아 수프레모, 뉴기니 AA, 과테말라 SHB를 블렌딩. 매일 마시고 싶을 만큼 균형이 잘 잡힌 맛.

바흐의 원두 리스트에는 약배전부터 강배전까지 30종에 가까운 원두가 정리되어 있습니다. 원두의 크기, 모양, 색, 윤기 등을 알 수 있도록 로스팅 단계가 낮은 원두부터 소개합니다(2024년 9월 1일 기준).

중강배전

탄자니아 AA 「아산테」

아프리카 탄자니아 남부의 작은 농가에서 구매하는 최고 등급 AA. 입자가 큰 편으로 육질이 두툼하며, 가장 풍부한 산미와 오렌지 같은 과일향을 즐길 수 있다. '아산테'란 스와힐리어로 '고마워'를 뜻하는 오리지널 브랜드.

파푸아뉴기니 AA

파푸아뉴기니 서부 고원 지역의 농원에서 개발된 원두. 나무에서 잘 익은 커피를 손으로 수확한 고급 품종으로, 최고 등급 AA. 좋은 향과 부드러운 산미, 바나나 같은 열대 풍미가 균형을 이뤄 마치 블렌드 커피 같다.

과테말라 · SHB 우에우에테낭고 「콤포스텔라」

중미 과테말라의 고지대, 우에우에테낭고 지역의 볼사 농원에서 재배. 해발 1,300m 이상에서 재배된 최고 등급의 SHB(Strictly Hard Bean). 양질의 산미와 바디, 카카오 같은 고소한 향이 있다.

콜롬비아 수프레모 타미낭고

남미 콜롬비아의 남서부, 에콰도르에 가까운 나리뇨 지역에서 재배되는 커피. 해발 약 1,800m에서 전통적인 방식으로 재배된 최고 등급(수프레모) 커피를 자연 건조하여 정제한 육질이 두툼한 원두. 깊은 맛과 화려한 산미를 지닌 풍부한 맛.

수마트라 만델링 블루 바탁

인도네시아 수마트라섬의 해발 1,200~1,600m에서 원주민인 바탁족이 재배 및 생산한다. '만델링'은 북수마트라에서 재배된 원두의 통칭. 달콤한 바디와 베리 계열의 산미와 열대과일의 풍미, 스파이시한 향을 가진 복합적인 맛.

이탈리안 블렌드

강배전. 브라질 W, 케냐 AA, 인디아 AP·AA를 블렌딩. 깨끗한 고소함과 깔끔한 뒷맛이 특징이다.

강배전

페루

남미 페루의 해발 1,300m 부근의 기온차가 큰 고지대에서 재배되어 원두가 단단하다. 강배전 커피에 입문하기 좋은 맛으로, 바디감과 부드러운 산미가 균형 잡힌 맛이 특징이다. 견과류처럼 고소한 향도 있다.

말라위 비피아

아프리카 말라위 공화국 북부에 있는, 해발 1,600~2,500m에 위치한 비피아 고원에서 재배한 커피. 작고 동글동글한 모양을 하고 있는데, 초콜릿 같은 맛 속에 상쾌한 산미가 있다.

에티오피아 시다모 W

커피의 발상지로 불리는 아프리카 에티오피아. 그 남서부에 있는 시다모 지역에서 수확한 커피를 드물게 습식(워시드)으로 정제한 것. 동그스름하고 길쭉한 모양은 게이샤 품종과 비슷하다. 양질의 산미와 꽃향기, 깊은 맛이 있다.

케냐 AA

아프리카 케냐 중에서도 입자가 크고 고른 원두를 모은 최고 등급 AA. 맛은 농후하고 부드러운 단맛과 견과류 같은 향, 다크 체리와 살구 같은 새콤달콤한 맛도 있다. 강배전으로 로스팅해도 산미가 느껴진다.

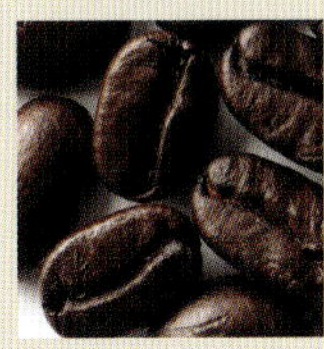

인디아 AP·AA

인도에서 재배된 아라비카 커피 중 최고 등급 AA. 카페 바흐에서는 가장 높은 단계로 로스팅하지만, 어떤 로스팅 단계에도 잘 맞는 만능 커피다. 상쾌한 쓴맛과 스모키한 향이 있으며, 산뜻하고 뒷맛이 깔끔하다.

※ 알파벳 W는 습식(워시드) 정제법을, PN은 펄프드 내추럴 정제법을 의미한다. No.1, SHG, AA 등은 원두 등급을 표시한 것이다. 「 」는 카페 바흐 오리지널 브랜드명.

과자로 찾아보는 커피와의 궁합 색인(가나다순)

과자명	궁합이 좋은 커피 로스팅 정도	BEST 매칭	BETTER 매칭	피하는 게 좋은 커피 로스팅 정도	페이지
구겔호프	중 중강	중 파나마 돈파치 게이샤 W	중강 탄자니아	약	74
누스보이겔	중강	중강 바흐 블렌드	중강 수마트라 만델링	약	120
다쿠아즈	중강 강	중강 파푸아뉴기니	강 페루	약	114
딸기 쇼트 케이크	중강	중강 바흐 블렌드	중강 파푸아뉴기니	약 강	84
딸기 타르트	약	약 블루마운틴 No.1	중 니카라과	강	50
마들렌	약 중	약 베트남 아라비카	파나마 돈파치 게이샤 W	강	46
마롱 구겔호프	중강	Var. 카페오레	중강 바흐 블렌드	약	160
마블 초콜릿 케이크	중	중 파나마 돈파치 게이샤 W	중강 수마트라 만델링	약 강	82
몽블랑	중강 강	강 에티오피아 시다모 W	강 케냐	약	134
밀푀유	중강	중강 수마트라 만델링	강 에티오피아 시다모 W	약 중	100
바닐레 킵펠	중	중 예멘 모카 마타리	중강 바흐 블렌드	강	80
바바루아	중강 강	중강 파푸아뉴기니	강 페루	약 중	122
바흐 쇼콜라	강	강 이탈리안 블렌드	강 케냐	약	130
부터쿠헨	중강	중강 바흐 블렌드	Var. 카페오레	약 중	118
불 드 네주	약	약 소프트 블렌드	중강 콜롬비아	강	56
브라우니	중강 강	강 이탈리안 블렌드	Var. 카페오레	중	136
브리오슈	중 강	중 파나마 돈파치 게이샤 W	중강 바흐 블렌드	약	72
비스퀴 드 사부아	중 중강	중 파나마 돈파치 티피카	Var. 핫 모카 자바	약	76
쉬르프리즈	중강	중강 바흐 블렌드	중강 과테말라	약 중	102
슈바르츠밸더 키르슈토르테	강	강 이탈리안 블렌드	강 직화식 에스프레소	약 중	138
슈톨렌	중강 강	중강 바흐 블렌드	중강 수마트라 만델링	약 중	124
애플파이	중 중강 강	중 마일드 블렌드	강 에티오피아 시다모 W	약	62
추억의 사과 케이크	중강	중강 파푸아뉴기니	중강 과테말라	약	92
치즈 케이크	중강	중강 탄자니아	중강 과테말라	약	88
카르디날슈니텐	중강 강	Var. 아이스커피	중강 과테말라	약	156
코코 패션	중	중 파나마 돈파치 티피카	중강 파푸아뉴기니	강	68
크루아상	약	약 블루마운틴 No.1	강 인디아를 직화식 에스프레소로 추출	없음	58
타르트 오 시트롱	약	약 아이티 뱁티스트	약 블루마운틴 No.1	강	52
타르트 타탱	중 중강	중 예멘 모카 마타리	중 파나마 돈파치 티피카	약 강	66
토마토 소스를 곁들인 바바	강	강 페루	강 직화식 에스프레소	약 중	142
투르트 파스티스	약	약 브라질 W	약 베트남 아라비카	강	54
트뤼프	중강 강	강 인디아를 에스프레소로 추출	Var. 카페 로열	약	154
파리 브레스트	중강 강	중강 탄자니아	강 인디아	약 중	105
팔미에	중 중강	중 코스타리카 PN	중강 파푸아뉴기니	없음	70
팽 드 젠	중 중강 강	중강 수마트라 만델링	강 인디아	없음	112
프루트 케이크	중강	중강 바흐 블렌드	전반적으로 다 잘 어울림	없음	94
플로랑탱 사블레	강	강 말라위 비피아	강 에어로프레스로 추출	중	146
피낭시에	중강	중강 과테말라	스탠더드에는 Var. 카페 슈바르처, 쇼콜라에는 중강 탄자니아	약	108
피티비에	중강	중강 전반적으로 다 잘 어울림	강 전반적으로 다 잘 어울림	약 중	96
헤이즐넛 사블레	중	중 니카라과	중강 과테말라	약 강	78

카페 바흐와 제과·제빵부

1968년, 도쿄의 서민 동네 아사쿠사 근처에 위치한 산야(山谷)에 다구치 마모루 씨와 후미코 씨 부부가 카페 바흐를 열었습니다. 지금은 이웃분들의 쉼터로서, 또 전국에서 커피 팬들이 동경하며 찾아오는 카페로서, 매일 북적이고 있습니다.

1972년에 마모루 씨가 시작한 자가배전 기술과 사고방식은 국내외에 큰 영향을 끼쳐, 지금은 해외에서 초청을 받을 정도입니다. 또한 다구치 부부를 비롯해 스태프들은 1978년 이후 종종 여러 커피 생산국을 찾아가, 품질 좋은 커피를 생산하는 생산자와 신뢰감을 쌓아가고 있습니다. 그렇게 구한 품질 좋은 생두를 수작업으로 골라내서(핸드피크) 올바른 방식으로 골고루 로스팅한 후, 다시 한번 핸드피크 작업을 거쳐 '좋은' 원두만을 제공하는 일관된 자세와 커피의 높은 품질을 인정받아, 2000년에 개최된 오키나와 서미트에서는 카페 바흐가 만찬회의 커피를 담당하여 대표 메뉴인 '바흐 블렌드'를 각국 정상에게 제공하기도 했습니다.

'카페 바흐'라는 가게명의 유래가 되기도 한 바로크 음악의 명작곡가 요한 제바스티안 바흐(1685~1750)의 음악이 흘러나오는 카페에서는, 캐니스터에 담긴 원두가 길게 나열되어 있는 선반을 한눈에 볼 수 있는 카운터가 특등석입니다. 스태프가 핸드드립하는 모습을 가까이에서 볼 수도 있습니다. 1990년에는 제과·제빵부를 신설했습니다. 프랑스 과자, 독일 빈 과자를 중심으로 끊임없이 연구하여 '커피와 함께 맛있게 먹을 수 있는 과자'를 만들고 있습니다. 좋은 재료를 사용하고 성실하게 공정을 거친 수제 과자의 그 맛은 커피와 마찬가지로 고품질입니다. 카페 바흐에서도 많은 손님이 커피와 함께 주문하는 인기 아이템으로 자리매김하고 있습니다.

제과·제빵부의 스태프들과 다구치 후미코 씨(앞줄 오른쪽), 다구치 마모루 씨(뒷줄 왼쪽).

도쿄도 다이토구 니혼즈츠미 1-23-9(東京都台東区日本堤 1-23-9)
영업시간: 10:30~18:30   정기휴무: 화요일, 둘째 주·넷째 주 수요일
www.bach-kaffee.co.jp

*영업 정보는 2025년 7월 기준으로, 추후 변동될 수 있습니다.